Der praktische
Heizer und Kesselwärter

Anleitung

für

Heizer und Maschinisten

sowie

zum Unterricht in technischen Schulen

von

Paul Brauser und **Joseph Spennrath**

vorm. Oberingenieur des Dampfkessel-Ueberwachungs-Verein für den Regierungsbezirk Aachen

weil. Direktor der gewerblichen Schulen der Stadt Aachen

Zwölfte vermehrte und verbesserte Auflage

Mit 82 Abbildungen

Berlin W.
Verlag von M. Krayn
1922

Vorrede zur zehnten Auflage

Trotz des gewaltigsten Krieges, den unser Volk durchzukämpfen hat, ist es dennoch notwendig geworden, unser Werk fortzusetzen. Wir sehen das gern als ein Zeichen der freundlichen Aufnahme an, die es bisher in den Kreisen deutscher Heizer und in industriellen Bezirken gefunden hat.

Aber auch das Andenken an unseren leider zu früh dahingegangenen Mitarbeiter, dem Direktor der gewerblichen Schulen Joseph Spennrath, gebietet uns, in seinem Geiste fortzufahren, tragen doch seine Beiträge im ersten Teil hervorragend dazu bei, den Inhalt des „Heizer und Kesselwärter" in klarer und einfacher Weise überzeugend darzustellen. Auch heute ist diesem Teil nichts Besseres hinzuzufügen.

Möge das Werk in seiner alten, aber bewährten Form, auch fernerhin in den Händen der Heizer und Kesselwärter seinen beabsichtigten Zweck erfüllen, wir sind bemüht, den Inhalt zu vertiefen und neuere Richtungen zu berücksichtigen.

Aachen, zu Weihnachten 1916.

Vorrede zur 12. Auflage.

Die 12. Auflage fällt in eine Zeit, in der es für jeden Heizer, der es aufrichtig meint mit der Erfüllung seiner Pflichten, eine Hauptaufgabe ist, so sparsam wie möglich mit dem heute so teuren Brennmaterial umzugehen, und den Heizwert auch des geringwertesten Brennstoffes gründlich, also möglichst ökonomisch, zu verwerten. Dem Heizer zu helfen, dies zu erreichen, dazu soll ihm dies Buch auch fernerhin ein Führer sein. Allen Freunden und Förderern unserer Bestrebungen unsern herzlichsten Dank für ihre auch diesmal bewiesene Hilfe und großes Interesse.

Aachen, Anfang 1922.

Paul Brauser.

Einleitung

Der Zweck des Dampfkesselbetriebes ist, durch Wärme Wasser in Dampf von hinreichend hoher Spannung zu verwandeln, um durch letzteren mechanische Arbeit leisten zu lassen. Das Verständnis des Betriebes erfordert demnach die Kenntnis von der Wärme und der Art und Weise ihrer Erzeugung, von den Eigenschaften des Wassers und des Wasserdampfes, ferner von den mechanischen Einrichtungen, welche zur Erzeugung und Verwendung von gespanntem Dampf nötig sind, also von den Dampfkesseln und ihren Ausrüstungsgegenständen, sowie von den Feuerungsanlagen. Hierüber soll in nachstehendem das Nötige mitgeteilt werden.

Inhaltsübersicht

Von der Wärme.

§ 1. Wärmehöhe oder Temperatur. Mit den Ausdrücken kalt, warm, heiß usw. bezeichnen wir verschiedene Zustände eines Körpers, die durch unser Gefühl wahrnehmbar sind, und deren gemeinsame Ursache wir schlechtweg Wärme nennen. In der Wissenschaft dagegen nennt man diese Ursache Wärmehöhe oder Temperatur, zum Unterschiede von einem weiterhin noch zu besprechenden Begriff, der Wärmemenge.

§ 2. Messen der Temperatur. Thermometer. Die Bestimmung und Kenntnis der Temperatur ist eines der wichtigsten Erfordernisse des Dampfkesselbetriebes. Die Instrumente, mit deren Hilfe die Temperatur gemessen wird, heißen Thermometer. Alle Thermometer beruhen auf der Erscheinung, daß die Wärme die Körper ausdehnt, und daß die Ausdehnung meistens im gleichen Verhältnis fortschreitet, wie die Temperatur zunimmt. Ein Eisenstab, welcher genau 1 m lang ist, wenn er im schmelzenden Schnee liegt, verlängert sich um 1,21 mm, wenn er auf die Temperatur des an offener Luft siedenden Wassers gebracht wird. Unter gleichen Umständen wird 1 ccm Quecksilber um 18,15 cmm zunehmen. Wird deshalb an eine Glaskugel ein sehr enges Glasrohr angeschmolzen, hiernach die Kugel mit Quecksilber gefüllt, so wird das flüssige Metall in dem engen Rohr emporsteigen, sobald die Kugel erwärmt wird.

Die Thermometer werden nach einem zweifachen Gesichtspunkte eingeteilt. Nach der Natur des Körpers, durch dessen Ausdehnung die Temperatur gemessen wird, unterscheidet man Quecksilber-, Weingeist-, Luftthermometer u. a. Nach der Art der Einteilung, also in bezug auf die angewandte Maßeinheit, unterscheiden wir das Thermometer von Celsius und von Fahrenheit. Für unseren Zweck kommt nur das Quecksilberthermometer in Betracht. Dasselbe hat folgende Einrichtung. Eine sehr enge Glasröhre, die überall gleich weit sein muß, ist an einem Ende zu einer Kugel ausgeblasen. Die Kugel und ein Teil der Röhre werden mit Quecksilber gefüllt, hierauf so stark erhitzt, daß das Metall die ganze Röhre ausfüllt. Nunmehr wird die Röhre an einer Stelle rasch zugeschmolzen. Beim Erkalten sinkt die Quecksilbersäule im Rohr, und über dem Quecksilber ist jetzt ein luftleerer Raum vorhanden.

Das so vorbereitete Instrument wird jetzt in schmelzenden Schnee gelegt. Das Quecksilber sinkt bis zu einer gewissen Stelle und bleibt an dieser unverrückt stehen, solange es in dem Schnee liegt. Der Punkt wird auf dem Rohr durch einen schwachen Teilstrich angezeigt. Nunmehr bringt man das Instrument in den Dampf von Wasser, welches an freier Luft siedet. Das Quecksilber steigt und stellt sich nach einiger Zeit ebenfalls auf einen festen Punkt ein. Dieser Punkt wird in der gleichen Art wie vorhin bemerkbar gemacht. Der Zwischenraum zwischen diesen beiden festen Punkten wurde nun von Celsius in 100 gleiche Teile eingeteilt und jeder Teil 1 Grad (1°) genannt. Die Temperatur des schmelzenden Schnees wurde somit als 0°, die des an offener Luft siedenden Wassers als 100° bezeichnet. Die Teilung kann, sobald man einmal die Größe eines Grades kennt, über die beiden genannten festen Punkte hinaus fortgesetzt werden. Die Grade unter dem Nullpunkt werden dabei mit dem Zeichen — versehen. Also — 5° heißt 5° unter Null. Im gewöhnlichen Leben nennt man die Grade unter Null auch Kältegrade.

Die Messungen der Temperatur beim Dampfkesselbetriebe werden, wie bei allen wissenschaftlichen Untersuchungen, nur mit dem Celsiusschen Thermometer ausgeführt, und bei Temperaturangaben in diesem Buche wird immer dieses Thermometer vorausgesetzt. Das Thermometer von Fahrenheit wird in Deutschland überhaupt nicht gebraucht.

Bei — 40° gefriert das Quecksilber, bei 357° siedet es. Das Quecksilberthermometer wird folglich unbrauchbar, sobald wir in die Nähe dieser Temperaturen gelangen.

§ 3. Ausdehnungsgröße und Ausdehnungskoeffizient. Die Tatsache, daß mit steigender Temperatur alle Körper ihren Rauminhalt vergrößern, mit abnehmender also verringern, hat auch in anderer Beziehung Interesse, da man ihr in anderen Fällen Rechnung zu tragen genötigt ist. Für alle technisch wichtigen Körper ist die Ausdehnung bestimmt worden, welche durch Temperaturerhöhung eintritt. Hierbei ist zwischen der linearen und der kubischen Ausdehnungsgröße zu unterscheiden. Erstere gibt an, um wieviel sich ein Körper nach einer bestimmten Richtung ausdehnt, wenn seine Temperatur um 1° steigt, letztere sagt uns, wieviel die Ausdehnung nach allen drei Richtungen des Raumes bei einer gleichen Temperatursteigerung beträgt, also um wieviel der Rauminhalt des Körpers zunimmt.

Die nachstehende Tabelle gibt eine Uebersicht über die Ausdehnungsgrößen der am häufigsten gebrauchten Materialien. Da die Ausdehnung bei einer Zunahme der Temperatur um einen einzigen Grad nur sehr wenig be-

Stoff	1 m Länge nimmt zu um mm	Die Ausdehnung beträgt also	Stoff	1 m Länge nimmt zu um mm	Die Ausdehnung beträgt also
Aluminium . .	2,34	$^1/_{427}$	Messing . . .	1,88	$^1/_{532}$
Blei	2,85	$^1/_{351}$	Bronze . . .	1,80	$^1/_{555}$
Gußeisen . . .	1,08	$^1/_{926}$	Holz längs der Faser . . .	0,7	$^1/_{1428}$
Schmiedeeisen .	1,21	$^1/_{827}$			
Stahl	1,12	$^1/_{893}$	Holz quer zur Faser . . .	3,1	$^1/_{322}$
Kupfer	1,87	$^1/_{535}$			
Nickel	1,29	$^1/_{775}$	Glas	0,8	$^1/_{1250}$
Zink	2,91	$^1/_{343}$	Kohle (Anthracit)	1,99	$^1/_{502}$
Zinn	2,27	$^1/_{441}$	Steinkohle . .	2,88	$^1/_{347}$

trägt, ist dieselbe für eine Temperaturerhöhung von 100° berechnet. Als Längeneinheit ist dabei 1 m angenommen, und die Ausdehnung ist in Millimeter angegeben. Die Tabelle gibt somit an, um wieviel Millimeter ein Stab von 1 m Länge, der aus dem nebenbezeichneten Stoff geformt ist, sich verlängert, wenn man denselben um 100° erwärmt. Daneben ist noch in einer Spalte angegeben, welchen Bruchteil der Gesamtlänge die Ausdehnung beträgt.

Für alle Stoffe erhält man die räumliche Ausdehnungsgröße, indem man die nach einer Richtung gemessene verdreifacht.

Die Zahlen der vorstehenden Tabelle haben vielfach große praktische Bedeutung. So bemerkt man häufig, daß Probierhähne, welche ein Gehäuse von Gußeisen und einen Hahn (Kücken) von Kupfer oder Messing haben, während des Betriebes so fest sitzen, daß sie kaum zu benutzen sind. Die Tabelle sagt nun, daß Kupfer und Messing sich weit stärker ausdehnen als Eisen. Im erhitzten Zustande wird somit das Küken keinen Platz in der Oeffnung des Gehäuses finden und deshalb sich festpressen. Ueberhaupt verbietet die Rücksicht auf die ungleiche Ausdehnung die Anwendung von verschiedenem Material am Kessel.

Das Gesetz, daß die Körper mit steigender Temperatur sich regelmäßig ausdehnen, ist nicht allgemein gültig, hat vielmehr bemerkenswerte Ausnahmen. Unter diesen ist besonders die zu erwähnen, welche das Wasser macht. Erwärmt man Wasser von 0°, so zieht es sich anfänglich zusammen, und zwar bis zu 4°; bei weiterem Erwärmen tritt Ausdehnung ein, und diese schreitet von jetzt ab regelmäßig fort. So nimmt das Wasser bei 4° den kleinsten Raum ein oder es hat bei dieser Temperatur seine größte Dichtigkeit. Das Gewicht eines Kubikzentimeters Wasser bei 4° heißt ein Gramm, 1000 g heißen ein Kilogramm. 1 l = 1000 ccm Wasser wiegt somit 1 kg.

Die Ausdehnung eines Körpers durch die Wärme erfolgt mit großer Gewalt. Um beispielsweise einen Eisenstab von 1 qcm Querschnitt durch angehängte Belastung um ebensoviel zu verlängern, wie er durch Erwärmen um 100° verlängert wird, müßte man 3600 kg anhängen. Beim Erkalten zieht sich der Stab mit derselben Kraft wieder zusammen.

Sämtliche gasförmigen Körper zeigen in bezug auf die Ausdehnung durch die Wärme ein sehr regelmäßiges und übereinstimmendes Verhalten. Jedes Gas dehnt sich beim Erwärmen um 1° um $^1/_{273}$ seines Rauminhaltes aus. Ein Liter = 1000 ccm Luft nimmt somit um $^{1000}/_{273}$ ccm = 3,66 ccm zu, wenn es um 1° erwärmt wird.

§ 4. Verflüssigen und Verdampfen durch Wärmezufuhr. Alle Körper bestehen aus kleinsten, mechanisch nicht weiter zerlegbaren Teilchen, welche man Moleküle nennt. Bei einem festen Körper haften diese Teilchen mit großer Kraft aneinander. Immerhin sind dieselben jedoch durch unmeßbare kleine Zwischenräume von einander getrennt. Die Wärme hat nun die Eigenschaft, der Kraft, mit welcher die Teilchen eines Körpers zusammenhalten, entgegenzuwirken und die Zwischenräume zwischen den Teilchen zu vergrößern. Hierauf beruht die vorhin beschriebene Ausdehnung der Körper durch die Wärme. Wird die Erwärmung soweit fortgesetzt, daß sie der Anziehungskraft der Teilchen das Gleichgewicht hält, daß folglich die Teilchen ihren Zusammenhang verlieren, so nennen wir den Körper flüssig. Treiben wir die Erwärmung noch weiter, so überwiegt die abstoßende Kraft der Wärme in dem Maße, daß die Teilchen voneinander fliehen, und wir sagen jetzt, der Körper sei gasförmig geworden. Die drei Zustände, die wir als fest, flüssig und gasförmig bezeichnen, nennen wir Festigkeitszustände. Den Uebergang aus diesem festen in den flüssigen Zustand nennt man Schmelzen, den aus dem flüssigen in den gasförmigen Zustand Sieden. Umgekehrt nennen wir den Uebergang eines gasförmigen Körpers in eine Flüssigkeit Kondensieren oder Verdichten, den Uebergang aus dem flüssigen in den festen Zustand: Erstarren oder Gefrieren.

Nicht alle Körper können alle drei Festigkeitszustände annehmen. Sehr viele erleiden bei einem Wärmegrad, der zu ihrer Verflüssigung oder Vergasung notwendig wäre, eine vollständige Zersetzung.

§ 5. Schmelzwärme, Verdampfungswärme. Wie der vorhergehende Abschnitt besagt, muß man, um einen festen Körper flüssig und um einen flüssigen Körper gasförmig zu machen, Wärme zuführen. Man denke sich nun eine Menge Schnee oder Eis in einem eisernen Gefäß ans Feuer gebracht und ein Thermometer hineingestellt. Das Thermometer wird 0° zeigen und diesen Stand unverrückbar beibehalten, solange noch das kleinste Stückchen Eis in dem Gefäß bzw. in dem Schmelzwasser sich befindet. Nun ist kein Zweifel, daß von dem Feuer unausgesetzt Wärme an das Gefäß und von diesem an die in demselben befindliche, aus Wasser und Eis bestehende Masse abgegeben wird. Diese Wärme ist durch das Thermometer nicht nachweisbar, wir sehen ihre Wirkung aber daran, daß sie den Zusammenhalt der Eisteilchen aufhebt, also Arbeit leistet. In der Wissenschaft heißt diese Wärme Schmelzwärme.

Lassen wir ferner unser Gefäß, nachdem alles Eis geschmolzen ist, noch weiter über dem Feuer stehen, so beginnt das Thermometer zu steigen, und nach einiger Zeit erreicht es den Stand von 100°. Diesen überschreitet es ebenfalls nicht mehr, solange und so heftig wir auch feuern mögen. Dagegen bemerken wir jetzt, daß das Wasser siedet, d. h. aus dem flüssigen in den gasförmigen Zustand übergeht. Da, wie oben gesagt, die Teilchen eines gasförmigen Körpers mit größerer oder geringerer Kraft voneinander wegzufliegen bestrebt sind, und diese Kraft auch hier von der Wärme geliefert wird, so leistet dieselbe auch hier Arbeit. Die zum Verdampfen einer Flüssigkeit nötige Wärme heißt die Verdampfungswärme dieser Flüssigkeit.

Schmelzwärme und Verdampfungswärme werden auch wohl latente, d. h. verborgene Wärme genannt, weil man sie mit Hilfe des Thermometers nicht auffinden kann. Wir unterscheiden hiernach eine Schmelzwärme und Schmelztemperatur, ebenso eine Verdampfungswärme und eine Siedetemperatur. Die Schmelzwärme eines Körpers ist diejenige Wärme, welche dem bis auf die Schmelztemperatur erwärmten Körper zugefügt werden muß, um ihn aus dem festen in den flüssigen Zustand überzuführen. In gleicher Weise verstehen wir unter Verdampfungswärme die Wärme, welche nötig ist, um eine bis auf den Siedepunkt erhitzte Flüssigkeit in Dampf von gleichem Wärmegrad zu verwandeln.

§ 6. Wärmeeinheit oder Kalorie. Die Schmelzwärme sowie die Verdampfungswärme können durch das Thermometer nicht nachgewiesen, also auch nicht gemessen werden. Wir müssen uns demnach für diese nach einem anderen Maß umsehen. Es ist klar, daß eine ganz bestimmte Wärmemenge nötig ist, um 1 kg Eis von 0° in Wasser von 0° zu verwandeln, und ebenso, daß wir eine bestimmte Wärmemenge zuführen müssen, um 1 kg Wasser von 100° in Dampf von 100° überzuführen. Andererseits ist auch ersichtlich, daß Wärme zugefügt werden muß, um bei einem Körper eine Temperaturerhöhung hervorzubringen. Mit anderen Worten, die Wärme vermag zweierlei Wirkung auf die Körper auszuüben: sie erhöht ihre Temperatur und sie verändert ihren Festigkeitszustand. Man kann nun eine Wärmemenge, welche eine gewisse, genau bestimmte Wirkung in einer dieser beiden Beziehungen ausübt, als Maßeinheit annehmen und mit ihrer Hilfe die sämtlichen übrigen Wirkungen messen. Man ist allgemein dahin übereingekommen, als Maßeinheit diejenige Wärmemenge anzusehen, welche nötig ist, um 1 kg Wasser um 1° zu erwärmen. Diese Wärmemenge heißt eine Wärmeeinheit oder eine Kalorie.

Die Schmelzwärme des Eises beträgt 79,25 Wärmeeinheiten, die Verdampfungswärme des Wassers 537 Wärmeeinheiten. Dies heißt also, um 1 kg Eis von 0° in Wasser von 0° zu verwandeln, ist dieselbe Wärmemenge erforderlich, mit welcher man 1 kg Wasser von 0° auf 79,25°, oder 79,25 kg Wasser von 0° auf 1° erwärmen kann, und um 1 kg Wasser von 100° in Dampf von derselben Temperatur zu verwandeln, hat man eine Wärmemenge nötig, welche hinreicht, 537 kg Wasser um 1° zu erwärmen.

§ 7. **Spezifische Wärme.** Sobald man einmal den Begriff der Wärmeeinheit festgestellt hat, kann man durch diese auch bei anderen Körpern als Wasser die Wärmemenge messen, welche von dem Thermometer angezeigt wird, also dazu dient, die Temperatur derselben zu erhöhen. Die Wärmemenge nun, welche erforderlich ist, um 1 kg irgendeines Stoffes um 1° zu erwärmen, heißt die **spezifische Wärme** dieses Stoffes. Die spezifische Wärme des Alkohols beispielsweise ist 0,63, d. h. um 1 kg Alkohol um 1° wärmer zu machen, sind 0,63 Wärmemeinheiten nötig; man hat somit nur 63% der Wärme nötig, mit der man 1 kg Wasser um 1° erwärmt, um in einem gleichen Gewicht Alkohol dieselbe Temperaturerhöhung hervorzubringen.

Die spezifische Wärme eines Körpers ist nun freilich nicht für jede Temperatur genau dieselbe, d. h. es ist nicht dieselbe Wärmemenge nöig, um 1 kg Alkohol beispielsweise von 0° auf 1° oder von 19° auf 20° zu erwärmen; die Abweichungen sind jedoch so gering, daß sie für unseren Zweck nicht ins Gewicht fallen. Die nachstehende Tabelle gibt eine Uebersicht über die Schmelztemperatur, Schmelzwärme und spezifische Wärme der wichtigsten und bekanntesten Körper, soweit die Zahlen bis jetzt bekannt sind:

Stoff	Schmelztemperatur	Schmelzwärme	Spez. Wärme	Stoff	Schmelztemperatur	Schmelzwärme	Spez. Wärme
	Grad				Grad		
Aluminium .	650	—	0,212	Zink	412	28,13	0,093
Blei	334	5,86	0,081	Zinn	228	14,25	0,056
Gußeisen, weiß	1100	33	0,12	Messing . . .	1015	—	0,086
„ grau	1200	23	0,11	Roses Metall .	94	—	0,042
Schmiedeeisen .	1500	—	0,108	Woodsches Metall .	68	—	—
Stahl . . .	1400	—	0,117	Arcets Metall .	96	5,96	0,060
Kupfer . . .	1090	—	0,093	Weichlot . .	151	—	0,045
Nickel . . .	1400	—	0,109	Hartlot . . .	1020	—	—
Platin . . .	1780	27,18	0,032	Eis	0	79,25	0,504
Quecksilber . .	—40	2,82	0,032				
Silber . . .	999	21,07	0,056				

§ 8. Verdampfen. Sieden. Die meisten Flüssigkeiten haben die Eigenschaft, beim Stehen an offener Luft in den gasförmigen Zustand überzugehen. Die Erscheinung nennt man Verdunsten. Die Verdunstung geht nur an der Oberfläche der Flüssigkeit und deshalb auch um so rascher vor sich, je größer die Oberfläche ist. Von ihr unterscheiden wir die unter dem Namen Sieden bekannte Erscheinung. Bei ihr geht die Dampfbildung nicht nur an der Oberfläche, sondern durch die ganze Flüssigkeit hindurch vonstatten. Allein während die Verdunstung bei jeder Temperatur beobachtet werden kann, gerät eine Flüssigkeit nur dann ins Sieden, wenn sie auf eine bestimmte, für jede Flüssigkeit feststehende Temperatur erwärmt wird. Diese Temperatur heißt die Siedetemperatur oder der Siedepunkt der betreffenden Flüssigkeit.

Verdunsten und Sieden sind indessen nicht dem Wesen nach, sondern nur in ihrer äußeren Erscheinung verschieden. Dies kann durch folgende Versuche bewiesen und verstanden werden. Man nehme eine Glasröhre von 1 m Länge. Dieselbe sei an einem Ende offen, am anderen geschlossen. Der innere Querschnitt der Röhre ist gleichgültig, er sei in unserem Falle genau 1 qcm. Die Röhre wird mit Quecksilber vollständig gefüllt, sodann mit dem Finger verschlossen und mit dem offenen Ende in eine Wanne mit Quecksilber gestellt. Nach Entfernung des verschließenden Fingers fließt ein Teil des Quecksilbers aus der Röhre, der größte Teil der Röhre aber bleibt gefüllt. Mißt man die Entfernung von dem Quecksilberspiegel im äußeren Gefäß bis zu dem Stand des Quecksilbers in der Röhre, so erhält man eine Länge von ungefähr 76 cm. Es wird folglich eine Quecksilbersäule von 76 cm in der Röhre zurückgehalten, folglich von irgendeinem Widerstande getragen. Diesen Widerstand leistet der Luftdruck. Da die Luft auf das Quecksilber in dem äußeren Gefäß drückt, preßt sie das flüssige Metall in die Röhre hinein, und zwar so lange, bis das Gewicht des in die Röhre gedrückten Quecksilbers gleich dem Druck der Luft ist. Folglich liefert das Gewicht der Quecksilbersäule ein Maß für die Größe des Luftdruckes.

Die Quecksilbersäule hat nun, wie bemerkt, eine Höhe von 76 cm, einen Querschnitt von 1 qcm, folglich faßt sie 76 Kubikzentimeter.

Nun wiegt 1 ccm Quecksilber 13,57 g, also die ganze Säule:

$$76 \times 13,57 \text{ g} = 1031,32 \text{ g}.$$

Es drückt also die atmosphärische Luft auf 1 qcm Fläche mit einer Kraft von 1031,32 g gleich 1,03132 kg.

Diesen Druck nennt man den Atmosphärendruck, und benutzt man allgemein, um den Druck des gespannten Dampfes im Dampfkessel anzugeben, hat aber eine kleine Vereinfachung eintreten lassen.

Da es unnötigerweise Unbequemlichkeiten schaffen würde, mit der Zahl 1,03132 zu rechnen, ist man übereingekommen, unter 1 Atmosphäre einen Druck von 1 kg = 1000 g auf das Quadratzentimeter Fläche zu verstehen. Hiernach sind sämtliche Manometer eingeteilt.

Mit der vorhin beschriebenen, bis zu einer Höhe von 76 cm mit Quecksilber gefüllten und unter Quecksilber abgesperrten Röhre machen wir nun weiterhin folgenden Versuch. Vermittels eines kleinen Zuleitungsrohres, das wir unter dem Quecksilber in die Röhre münden lassen, pressen wir ein paar Tropfen Wasser in dieselbe. Da das Wasser viel leichter ist, als das Quecksilber, steigt es in der Röhre rasch empor und sammelt sich über dem Quecksilber. Sofort aber bemerken wir, daß das Quecksilber fällt. Angenommen die Temperatur des Quecksilbers und des Wassers betrage 0°, so sinkt die Quecksilbersäule um 4,57 mm. Erhöhen wir die Temperatur des eingeschlossenen Wassers allmählich, indem wir die Röhre von außen erwärmen, so sinkt das Quecksilber immer mehr. Bei 10° ist es bereits um 9,14, bei 20° um 17,36, bei 50° um 91,98 mm unter seinen anfänglichen Stand gesunken. Bei fortgesetztem Erwärmen kommen wir bald dahin, daß die Röhre von Quecksilber ganz leer ist. Würden wir jetzt ein kleines Thermometer in die Röhre bringen, so würden wir an diesem die Temperatur 100° ablesen. Bei 100° erzeugt also das eingeschlossene Wasser einen solchen Druck im Innern der Röhre, daß er dem Druck der Luft das Gleichgewicht hält. Nun wissen wir andererseits, daß bei 100° der Siedepunkt des Wassers sich befindet, d. h. daß das Wasser sich in Dampf verwandelt. Somit lernen wir aus dem Versuch, daß wir unter dem Siedepunkt des Wassers die Temperatur zu verstehen haben, bei welcher der aus dem Wasser sich bildende Dampf denselben Druck ausübt, wie die atmosphärische Luft. Dies gilt nun nicht allein für das Wasser, sondern für jede beliebige Flüssigkeit, die, ohne Zersetzung zu erleiden, hinreichend hoch erhitzt werden kann. Hätten wir im vorliegenden Fall statt des Wassers etwas wasserfreien Spiritus in die Röhre gebracht, so würde bereits bei 78,05° die Röhre leer geworden sein, d. h. der Spiritus siedet bereits bei 78,05°, oder sein Dampf übt bei dieser Temperatur einen Druck gleich dem der Luft aus. Bei Äther erreichen wir dasselbe Ergebnis bereits bei 35° usw.

Allein wir sehen aus unserem Versuch ferner, daß das in der Röhre eingeschlossene Wasser bereits bei Temperaturen, die weit unter 100° liegen, ja selbst bei 0° Dampf aussendet, und daß dieser Dampf einen Druck ausübt. Denn nur durch den Druck des in Dampf verwandelten Wassers sinkt das Quecksilber in der Röhre. Der Druck des Dampfes einer Flüssigkeit wird nun allgemein die S p a n n k r a f t desselben genannt. Die Spannkraft ist, wie wir sehen, abhängig von dem Wärmegrad und wächst mit demselben. Bei jedem Wärmegrad aber besitzt der Dampf Spannkraft, und wir sagen, eine Flüssigkeit siedet, wenn die Spannkraft des Dampfes gleich ist dem Druck der atmosphärischen Luft.

Die Folgerungen lassen sich noch weiter ziehen. Wenn die Spannkraft des Dampfes mit dem Wärmegrad zunimmt, so muß es auch möglich sein, sie noch größer zu machen, als der Druck der atmosphärischen Luft beträgt Dazu aber ist nötig, daß wir auch einen größeren Gegendruck schaffen, als die Luft leistet. Folglich können wir, um Dampf von mehr als 1 Atmosphäre Spannkraft zu erhalten, eine Flüssigkeit nicht an offener Luft sieden. Anders aber wird die Sache, wenn die betreffende Flüssigkeit in einem allseitig geschlossenen Gefäße sich befindet.

In diesem Falle üben die eingeschlossenen Dämpfe einen immer größer werdenden Druck auf die Flüssigkeit aus, und jede neu sich bildende Dampfmenge muß eine stetig sich steigernde Spannkraft besitzen, um diesen Druck zu überwinden. Daraus aber folgt ferner wieder, daß der Siedepunkt der eingeschlossenen Flüssigkeit fortwährend steigt.

Dies kann durch den Versuch leicht bewiesen werden. In einem geschlossenen eisernen Gefäß werde Wasser zum Sieden erhitzt. Mit dem Innern des Gefäßes stehe ein Thermometer und ein Manometer in Verbindung. Wir bemerken zuerst, daß das Thermometer bis auf 100° steigt, ohne daß das Manometer eine Druckzunahme anzeigt. Bei weiterem Erhitzen steigen Thermometer und Manometer gleichzeitig. Zeigt das Manometer 1 Atmosphäre Überdruck an, so steht das Thermometer auf 120,6°. Bei 2 Atmosphären Überdruck zeigt das Thermometer 133,9°, bei 5 Atmosphären 159,22° usw.

Die Spannkraft der Dämpfe bei verschiedenen Wärmegraden ist für viele Flüssigkeiten, besonders für den Wasserdampf, mit aller Genauigkeit durch Versuche ermittelt worden. Der Zusammenhang zwischen Wärmegrad und Spannkraft des Wasserdampfes hat die größte Wichtigkeit für den Dampfkesselbetrieb. Aus diesem Grunde ist in nachstehender Tabelle eine Übersicht über die bei einer großen Anzahl von Temperaturen vorhandene Spannkraft gegeben:

Spannkraft in Atmosphären	Wärmegrad	Spannkraft in Atmosphären	Wärmegrad	Spannkraft in Atmosphären	Wärmegrad	Spannkraft in Atmosphären	Wärmegrad
1,0	100,00	5,0	152,22	8,5	173,35	12,0	188,41
1,5	111,74	5,5	155,85	9,0	175,77	12,5	190,27
2,0	120,60	6,0	159,22	9,5	178,08	13,0	192,08
2,5	127,80	6,5	162,37	10,0	180,31	13,5	193,83
3,0	133,91	7,0	165,34	10,5	182,44	14,0	195,53
3,5	139,24	7,5	168,15	11,0	184,50	14,5	197,26
4,0	144,00	8,0	170,81	11,5	186,49	15,0	198,46
4,5	148,29						

Wie die Tabelle zeigt, wächst der Dampfdruck des im geschlossenen Raum siedenden Wassers mit steigender Temperatur anfangs langsam, dann immer schneller. Damit beispielsweise der Dampfdruck von 1 auf 2 Atmosphären steigt, muß sich das Wasser von 100° auf 120,6°, also um nahezu 21° erwärmen. Damit aber der Dampfdruck von 10 auf 11 Atmosphären steigt, muß sich das Wasser von 180,31° auf 184,5°, also nur um rund 4° erwärmen. Der Heizer muß deshalb um so vorsichtiger arbeiten, um die höchste zulässige Dampfspannung im Kessel nicht zu überschreiten, je höher diese konzessionierte Spannung ist.

§ 9. Gesättigter und überhitzter Dampf. Die Darlegungen des vorigen Abschnittes haben gezeigt, daß jedem Wärmegrad eine bestimmte Spannkraft des Dampfes entspricht. Daraus folgt, daß in einem geschlossenen Raume, der zum Teil mit Wasser gefüllt ist, sich bei einer bestimmten Temperatur eine bestimmte Dampfmenge bilden kann und bilden muß. Angenommen, das Wasser in einem Kessel habe genau 100°, so wird jedes Kubikdezimeter Raum über dem Wasser 0,6 g Wasserdampf enthalten. Erhitzen wir auf 152,22°, also bis zur Spannung von 5 Atmosphären, so enthält jedes Kubikdezimeter 2,75 g Wasserdampf, bei 10 Atmosphären enthält 1 cdm 5,27 g Dampf usw. Ist also die dem betreffenden Wärmegrad entsprechende Spannung erreicht, d. h. ist die zulässige Wassermenge in Dampf verwandelt, so vermag das Wasser, wofern der Wärmegrad nicht steigt, keinen Dampf mehr abzugeben, oder was dasselbe sagt, der Dampf vermag aus der Flüssigkeit nichts mehr aufzunehmen. Aus diesem Grunde heißt solcher Dampf gesättigter Dampf.

Wasserdampf also, welcher mit flüssigem Dampf in Berührung ist, kann nur gesättigter Dampf sein. Denken wir uns nun, wir entnehmen einem Dampfkessel, welcher unter 4 Atmosphären Überdruck steht, 1 cdm Dampf und führen diesen in einen Zylinder mit beweglichem Kolben. Der Zylinder soll ebenfalls die der Spannung von 4 Atmosphären entsprechende Temperatur 152,22° haben. Denken wir uns nun, wir sperren das entnommene Kubikdezimeter

Dampf vom Kessel ab und lassen den Kolben soweit zurückgehen, daß der Raum, in welchem der Dampf sich befindet, genau 2 cdm ebenfalls ausfüllt, aber wenn wir seine Spannkraft messen, würde sich ergeben, daß er nur die Hälfte der früheren Spannung, also noch 2,5 Atmosphären hätte. Gestatten wir ihm, einen Raum von 3 cdm einzunehmen, so wäre seine Spannkraft nur noch $^5/_3$ Atmosphäre, bei einem Raum von 10 cdm noch $^5/_{10}$ = 0,5 Atmosphäre usw.

Würden wir ferner, immer unter Beibehaltung der ursprünglichen Wärmehöhe von 152,22°, etwas flüssiges Wasser in den Zylinder bringen, so würde sofort so viel neuer Dampf sich bilden, daß die Spannung wieder 4 Atmosphären Überdruck beträgt.

Der ursprünglich eingelassene und auf einen größeren Rauminhalt ausgedehnte Dampf kann also, sobald er mit flüssigem Wasser in Berührung kommt, neuen Dampf aufnehmen. Aus diesem Grunde nennt man ihn ungesättigten Dampf. Man kann die Sache aber auch von einem anderen Gesichtspunkte aus auffassen.

Wird 1 cdm Dampf von 5 Atmosphären Spannung und 152,22° Wärme auf etwa 2 cdm ausgedehnt, so ist seine Spannung, wie vorhin erwähnt, nur noch 2,5 Atmosphären. Nun sagte unsere obige Tabelle, daß eine Spannung von 2,5 Atmosphären bereits 127,8° erreicht wird. Der Dampf hat also in unserem Falle einen weit höheren Wärmegrad, als seiner Spannkraft entspricht. Aus diesem Grunde heißt der ungesättigte Dampf auch überhitzter Dampf.

Gesättigter und überhitzter Dampf zeigen ein verschiedenes Verhalten. Nehmen wir an, wir haben in einem Zylinder durch einen beweglichen Kolben 1 l Luft abgesperrt. Drücken wir auf den Kolben mit einem Gewicht von 1 kg auf 1 qcm, so geht derselbe soweit voran, daß die eingeschlossene Luft noch einen Raum von ½ l einnimmt. Die zusammengedrückte Luft vermag also jetzt zu dem Druck der äußeren Atmosphäre noch 1 kg Übergewicht, also ungefähr das Doppelte zu tragen. Drücken wir den Kolben noch stärker, so vermindert sich der Rauminhalt der eingeschlossenen Luft noch mehr, und genau in demselben Verhältnis, wie der äußere Druck zunimmt, nimmt der Rauminhalt der eingeschlossenen Luft ab. Genau dasselbe Gesetz würde sich ergeben, wenn wir den Zylinder, statt mit Luft, mit überhitztem Wasserdampf angefüllt hätten. Allein die Sache wäre anders geworden, sobald wir den Dampf soweit zusammengedrückt hätten, daß die seiner Temperatur entsprechende Spannkraft erreicht, also der Dampf gesättigter geworden wäre. Wird der Zylinder mit gesättigtem Dampf gefüllt, und drückt man den Kolben soweit vorwärts, daß dem eingeschlossenen Dampf nur noch die Hälfte des ursprünglichen Rauminhalts bleibt, so nimmt der Druck, also auch die Spannung zu, wohl aber verwandelt sich die Hälfte des Dampfes wieder in flüssiges Wasser.

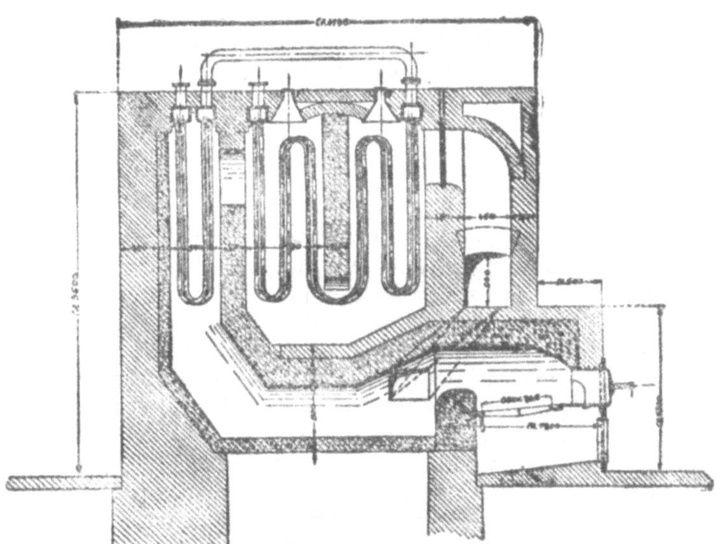

Fig. 1

§ 10. Die Überhitzer. Die Überhitzer sind bei den neueren Dampfkessel-Anlagen ein fast unentbehrlicher Bestandteil geworden, weil hochgespannter, bis zu 400° C überhitzter Dampf in den modernen Dampfmaschinen zur höchsten Ausnutzung der höchsten Dampfkraft notwendig geworden ist. Zwei Arten von Überhitzern haben sich besonders Bahn gebrochen. Die eine Art, von Schwoerer im Elsaß geliefert, besteht aus senkrecht zusammengestellten stahlgußeisernen Rippenröhren, in welchen der aus dem Dampfkessel kommende gesättigte Dampf mit einer gewissen Geschwindigkeit strömt, und von den Heizgasen umspült, überhitzt wird. Die andere Art, welche neuerdings ebenso verbreitet ist, besteht aus einem System von schmiedeeisernen oder Stahlröhren, welche einen äußeren

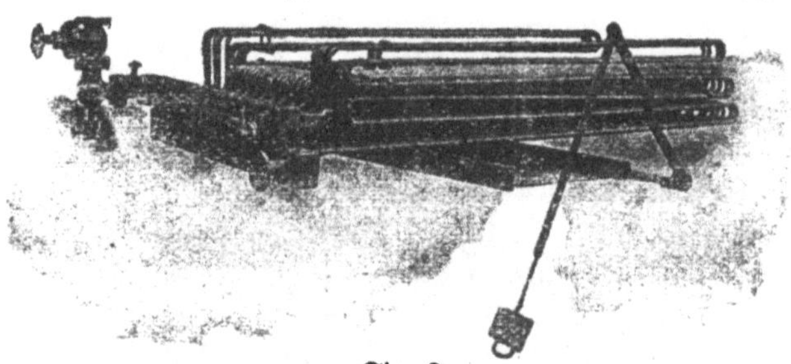

Fig. 2

Durchmesser von 40—60 mm und eine lichte Weite von 35—55 mm besitzen, und, wie Fig. 1 u. 2 zeigt, in zwei geschweißte Kammern eingewalzt sind. Die Größe der Überhitzungsfläche richtet sich hauptsächlich nach der Größe des Dampfkessels, der Menge des zu überhitzenden Dampfes, des mitgerissenen Wassers und der Temperatur der Heizgase, welchen der Überhitzer ausgesetzt ist. In der Regel wird der Überhitzer in den 2. Zug hinter oder über dem Dampfkessel eingebaut, wo die Temperatur der Heizgase mindestens noch 500—800° C. beträgt. Damit eine Absperrung der Überhitzer von den Heizgasen stattfinden kann, werden die Züge um den Überhitzer mit Klappen versehen, ähnlich wie Fig. 3 zeigt.

Einmauerung eines Überhitzers.

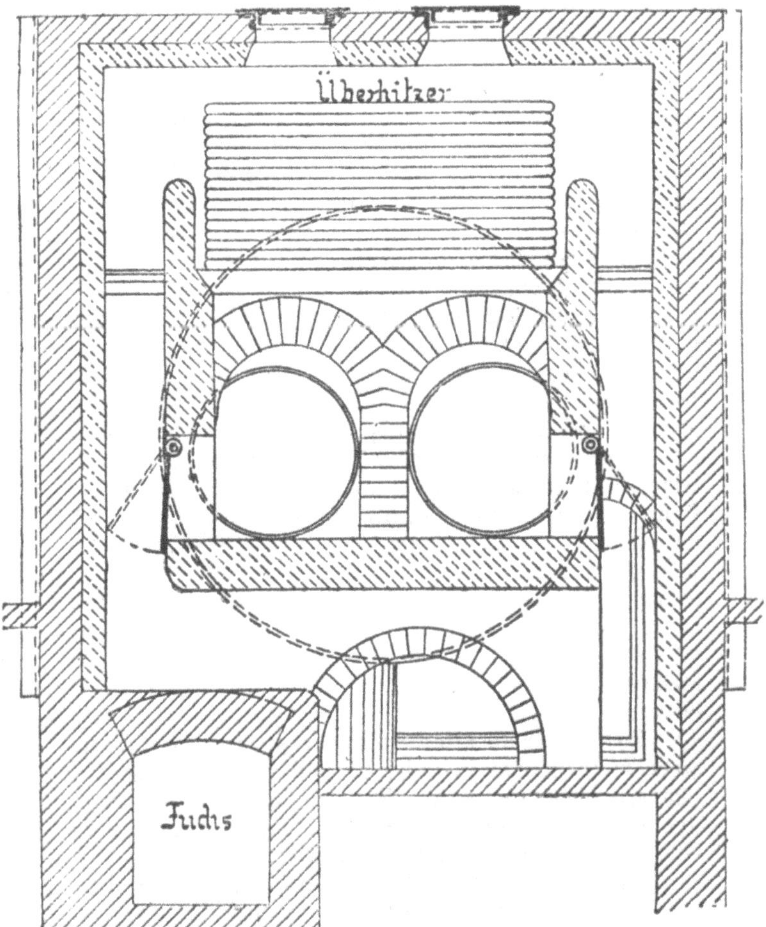

Fig. 3

Wird dies notwendig, dann ist ebenso eine Absperrung des Überhitzers vom Dampfkessel erforderlich, und deshalb sind die Dampfrohrleitungen zwischen Überhitzern und Dampfkessel mit besonderen Dampfabsperrventilen zu versehen (s. Fig. 42). Auch erscheint es in manchen Fällen ratsam, ein Ablaßventil am tiefsten Punkte der Überhitzer anzuordnen, und ein Sicherheitsventil, was namentlich an solchen Überhitzern notwendig ist, welche mit einer direkten Heizung versehen, also nicht hinter einem Dampfkessel eingebaut sind. Die Anlage von Überhitzern an bereits bestehenden Dampfkesseln wird als eine Veränderung derselben angesehen und bedarf deshalb einer Genehmigung durch die Behörden.

Bei neuen Dampfkesseln, welche mit Überhitzern verbunden sind, werden letztere als Teil der Dampfkessel angesehen. Während des Betriebes hat der Heizer nur darauf zu achten, daß die Temperatur des überhitzten Dampfes möglichst gleichmäßig bleibt, und daß der Unterschied zwischen der höchsten und niedrigsten Dampftemperatur höchstens 20° beträgt. Die Reinigung der Feuer, das Abschlacken, ist also schnell vorzunehmen, und wo möglich, nur in den Zwischenpausen. Die Überhitzerröhren sind auch während des Betriebes vom Ruß zu befreien, und zwar mittels Dampfstrahl. Die Einrichtung hierzu muß so getroffen werden, daß der Ruß und Ascheteilchen nicht zwischen den Überhitzerröhren hängen bleiben, sondern durch den Kaminzug mitgenommen werden.

Es ist deshalb erforderlich, die Züge um den Überhitzer nicht zu eng herzustellen, und namentlich ist das Mauerwerk so dicht herzustellen, daß eine Abkühlung durch undichtes Mauerwerk unmöglich ist. Wird hierauf nicht geachtet, dann sind Gasexplosionen unvermeidlich.

Keine Anwendung sollte die Überhitzung dann finden, wenn der hochüberhitzte Dampf (über 300° C) zum Betriebe von Dampfmaschinen mit Schiebersteuerung älterer Konstruktion dienen soll. Selbst zum Betriebe von Lokomotiven sollte der hochgespannte Dampf nur mäßig überhitzt werden, höchstens bis 250° C. Es ist dabei zu berücksichtigen, daß der Ölverbrauch sich wesentlich höher stellt und Undichtigkeiten an Schieber und Kolben bei überhitztem Dampf viel schädlicher wirken, wie bei nasserem und gesättigtem Dampf. Diese Verhältnisse (undichte Kolben und Schieber) sind häufig allein daran schuld, daß eine Kohlenersparnis bei Anwendung überhitzten Dampfes nicht so eintritt, wie man erwartet hatte. Ungünstig wirkende Feuerungen, wie überhaupt mangelhafte Heizung machen die Vorteile des überhitzten Dampfes ebenfalls leicht illusorisch.

§ 11. Erscheinungen beim Sieden. Denken wir uns, ein Dampfkessel stehe unter 5 Atmosphären Spannung. Nach unserer Tabelle besitzt dann das in ihm enthaltene Wasser eine Temperatur von 152,22°. Der Raum über dem Wasser ist mit gesättigtem Dampf von gleicher Temperatur gefüllt. Von diesem Dampf wird nun jeden Augenblick die Spannung um ein Weniges vermindert, der zurückbleibende Dampf also ungesättigt. Im nächsten Augenblick aber sättigt er sich wieder durch Aufnahme von neuem Dampf aus dem flüssigen Wasser. Ist nun die dem Kessel entnommene Dampfmenge im Verhältnis zu dem überhaupt im Kessel vorhandenen Dampf sehr klein, so ist die Verminderung der Spannung sehr gering, und die Bildung des neuen Dampfes geht nur an der Oberfläche des Wassers vor sich. Die unteren Partieen desselben haben nämlich neben dem Dampfdruck auch noch das Gewicht des über ihnen lagernden Wassers zu tragen, können folglich bei dem vorhandenen Wärmegrad noch keinen Dampf bilden. Das Wasser im Kessel bleibt folglich ganz ruhig. Anders aber ist es, wenn einem verhältnismäßig kleinen Kessel auf einmal viel Dampf entnommen wird. Die Verminderung der Spannung wird dann so bedeutend, daß durch weit größere, ja unter Umständen durch die ganze Wassermasse hindurch Dampfbildung eintreten kann. Die von allen Stellen des Wassers aufsteigenden Dampfbläschen versetzen alsdann das Wasser in eine Bewegung, die unter dem Namen Schäumen bekannt ist. In noch weit bedeutenderem Maße aber tritt die Neubildung von Dampf auf, wenn die Spannung überhaupt aufgehoben wird. Denken wir uns, in dem Kessel entstehe bei einer Spannung von 5 Atmosphären plötzlich eine größere Öffnung. Die Spannung im Kessel wird dadurch rasch vermindert und sie muß soweit sinken, bis sie dem äußeren Luftdruck gleich ist, also nur noch 1 Atmosphären beträgt. Unter einem Druck von 1 Atmosphäre aber kann das Wasser nur eine Temperatur von 100° behalten; folglich muß es sich von 152,22° auf 100° abkühlen, oder jedes Kilogramm Wasser im Kessel muß 52,22 Wärmeeinheiten abgeben. Diese Wärmemenge aber reicht hin, um 34,6 l Wasserdampf von 5 Atmosphären Spannung oder also 173 l von 1 Atmosphäre Spannung zu erzeugen. Berücksichtigt man nun die bedeutende Menge des in einem Dampfkessel enthaltenen Wassers, so erklären sich leicht die zerstörenden Wirkungen einer Dampfexplosion.

Unregelmäßiges, stoßweises Sieden sowie Schäumen tritt auch ein, wenn das Wasser im Kessel stark schlammig ist, ferner wenn es Fett und wenn es zuviel Soda enthält. Man muß deshalb für möglichst klares Speisewasser sorgen, ferner beim Speisen mit Kondenswasser den Eintritt des auf dem Wasser schwimmenden Öls in die Speisevorrichtung verhüten und endlich bei Zusatz von Soda zum Speisewasser einen Überschuß des Zusatzes vermeiden.

Beim Heizen des Dampfkessels ist mit aller Sorgfalt darauf zu achten, daß die Kesselwände die Wärme, welche sie auf der einen Seite von den heißen Feuergasen empfangen, auf der anderen Seite stetig abgeben können. Findet diese ununterbrochene Wärmeabgabe nicht statt, so speichert sich die Wärme in dem Metall auf, und die Kesselwände kommen zum Glühen. Dies ist eines der gefährlichsten Vorkommnisse im Dampfkesselbetrieb und meistens die Ursache einer Kesselexplosion. Die Kesselwände können die von den Feuergasen aufgenommene Wärme nur dann stetig abgeben, wenn sie auf der anderen Seite vom Wasser bespült sind. Die Wärme wird alsdann an das Wasser abgegeben und zur Dampfbildung verbraucht. Daraus ergibt sich die wichtige Vorschrift für den Kesselwärter: den Wasserstand im Kessel niemals unter die am Wasserstandsapparat bezeichnete Marke sinken zu lassen.

Diese Marke ist mit einer solchen Höhe angebracht, daß das Kesselwasser, wenn es bis zu dieser Marke oder über dieselbe hinausreicht, alle Kesselwände und Kesselteile umspült, welche von außen durch die Feuergase getroffen werden.

Das Erglühen der Kesselwandungen ist in zweifacher Hinsicht gefährlich. Das glühende Kesselblech besitzt nicht mehr die Stärke und Widerstandsfähigkeit wie bei niedriger Temperatur. Außerdem tritt beim Erglühen eine Ausdehnung der Bleche ein, so daß dadurch bedenkliche äußere Veränderungen, gefährliche Spannungen, sogar Undichtigkeiten und Risse entstehen können. Sehr gefährlich und deshalb durchaus unzulässig ist es, einen Kessel, der teilweise glühend geworden ist, zu speisen. Kommt das Wasser mit den glühenden Wandungen in Berührung, so tritt eine plötzliche Dampfbildung ein, und die dadurch bewirkte vergrößerte Spannung ist imstande, die ohnehin durch das Erglühen geschwächten Kesselbleche zu zerreißen. Ferner werden die erglühten Wandungen des Kessels durch die beim Speisen erfolgende rasche Abkühlung hart und spröde und erhalten unter Umständen sogar Sprünge. Aus diesem Grunde ist es dem Heizer untersagt, den Betrieb fortzusetzen und den Kessel zu speisen, wenn einmal durch irgend einen Zufall das Wasser unter die Marke des niedrigsten Wasserstandes gesunken ist. Es muß in einem solchen Falle der Betrieb eingestellt, das Feuer herausgenommen und durch eine genaue Untersuchung festgestellt werden, ob der Kessel bereits Schaden genommen hat, und ob er noch betriebsfähig ist. Hierhin ist auch die Vorschrift zu rechnen, daß der Heizer das Feuer sofort herausnehmen muß, wenn der Wasserstand plötzlich unter den Wasserstandsanzeiger fällt. Ein Erglühen der Kesselbleche ist auch dadurch möglich, daß dieselben auf der Innenseite zwar vom Wasser bespült, aber mit einer dicken Lage Kesselstein oder Kesselschlamm bedeckt sind. Da der Kesselstein oder Kesselschlamm die Wärme sehr schlecht leitet, so muß sich dieselbe auch jetzt in dem Blech aufspeichern und dasselbe zum Glühen bringen. Hierbei kommt es häufig vor, daß der Stein von dem glühenden Blech infolge der starken Ausdehnung des letzteren abspringt und dadurch das Wasser mit den glühenden Wänden in Berührung bringt. Daraus ergibt sich die Notwendigkeit, den Kesselstein überhaupt zu verhüten und den bei hartem Speisewasser allerdings unvermeidlichen Kesselschlamm häufig durch Abblasen zu entfernen, und zwar unter niederem Dampfdruck.

Von der Erzeugung der Wärme

§ 12. Es gibt verschiedene Wege, Wärme zu erzeugen. Schlägt man mit einem Hammer wiederholt auf ein Bleistück, so wird es fühlbar warm, eine Münze kommt stark erhitzt aus der Prägemaschine, unsere Handflächen erhitzen sich bedeutend beim Zusammenreiben, kurz, wir können überall durch Schlag, Druck, Stoß, Reibung usw. Wärme erzeugen. In allen diesen Fällen wenden wir jedoch mechanische Arbeit auf, um Wärme zu erhalten, und es ist klar, daß dieser Weg sich nicht anwenden ließe, um Wärme zum Heizen unserer Dampfkessel zu gewinnen. Denn da wir die im Kessel aufgespeicherte Wärme benutzen wollen, um Dampfmaschinen zu treiben, also um mechanische Arbeit zu leisten, so wäre es widersinnig, erst Arbeit aufzuwenden, um Wärme zu erhalten und diese Wärme nachher wieder in Arbeit umzusetzen. Es gibt aber noch einen zweiten Weg, Wärme zu erzeugen, und diesen nennen wir den chemischen. Wo immer zwei Körper freiwillig eine chemische Verbindung miteinander eingehen, wird Wärme erzeugt. Mischt man 98 kg Schwefelsäure mit 108 kg Wasser, so erhitzt sich das Gemisch bedeutend, und die Untersuchung ergibt, daß 14 396 Kalorien entwickelt werden. Schüttet man gepulvertes Antimonmetall in einen Glaszylinder, welcher mit Chlorgas gefüllt ist, so gehen die beiden Körper Antimon und Chlor eine chemische Verbindung ein, und die dabei entwickelte Wärme ist so groß, daß die Verbindungserzeugnisse lebhaft ins Glühen kommen. Die bekannte Wärmeentwicklung beim Kalklöschen beruht auf einer chemischen

Verbindung des gebrannten Kalkes mit Wasser. Die Wärmeerzeugung auf chemischem Wege ist die in der Praxis allein angewandte, und die Kenntnis ihrer Einzelheiten hat deshalb auch für den Dampfkesselbetrieb Wert und Bedeutung.

§ 13. Verbrennung. Wird bei einer chemischen Verbindung soviel Wärme erzeugt, daß die an der Verbindung teilnehmenden oder die durch die Verbindung neugebildeten Körper zum hellen Glühen kommen, so nennt der gewöhnliche Sprachgebrauch den Verbindungsvorgang eine Verbrennung. Die Verbindungen, welche in der Praxis zu dem Zweck, Wärme zu erzeugen, hergestellt werden, bilden eine engbegrenzte Gruppe. Es kommen bei ihnen fast ausschließlich drei chemische Grundstoffe in Betracht, nämlich Sauerstoff, Wasserstoff und Kohlenstoff.

Der Sauerstoff ist ein farb- und geruchloses Gas und bildet einen Bestandteil der atmosphärischen Luft. Letztere enthält auf 100 l 20,92 l, auf 100 kg 23,58 kg Sauerstoff. Im übrigen enthält die Luft, abgesehen von Bestandteilen, welche in verhältnismäßig geringer Menge vorkommen, noch Stickstoff. Dieser ist ebenfalls ein farb- und geruchloses Gas, und hat seinen Namen daher, daß in ihm weder Körper brennen, noch Menschen und Tiere leben können. Der Sauerstoff wird bei jeder Verbrennung in der Technik von der atmosphärischen Luft geliefert

Der Wasserstoff ist ebenfalls im reinen Zustande ein farb- und geruchloses Gas, der leichteste aller Körper, 1 l Wasserstoff wiegt 0,09 g, während 1 l Sauerstoff 1,44 g wiegt. Er ist brennbar, d. h. er vermag sich mit Sauerstoff zu verbinden, und angezündet bildet er eine farblose, aber sehr heiße Flamme. Der Körper, welcher aus der Verbindung von Sauerstoff und Wasserstoff entsteht, heißt Wasser, und der Name Wasserstoff für den in Rede stehenden Grundstoff rührt daher, daß er beim Verbrennen Wasser erzeugt und somit einen Bestandteil des Wassers bildet.

Der Kohlenstoff bildet einen chemischen Grundstoff, den wir unter verschiedener Form kennen. Diamant und Graphit (Schreibmaterial der Bleistifte) sind reiner

Kohlenstoff. Weiterhin aber kommt er vor unter einer Form, die wir Kohle nennen, und findet sich mehr oder weniger verunreinigt in den Holzkohlen, im Koks, Lampenruß u. a.

Wasserstoff kommt in der Praxis niemals, Kohlenstoff nur verhältnismäßig selten im reinen Zustande zur Verwendung. In unseren Brennmaterialien dagegen finden sich beide Grundstoffe in wechselndem Verhältnis vereinigt, und der Wert eines Brennmaterials hängt ab von seinem Gehalt an Kohlenstoff und Wasserstoff.

1 kg Wasserstoff erfordert zur vollständigen Verbrennung 8 kg Sauerstoff. Durch die Verbrennung werden 34 600 Kalorien frei. Gelangte also die sämtliche Wärme, die durch Verbrennung von 1 kg Wasserstoff entsteht, in den Kessel, so würden dadurch 34 600 kg Wasser um 1° oder 346 kg um 100° erwärmt werden. Das Verbrennungserzeugnis des Wasserstoffs ist, wie erwähnt, Wasser. 1 kg Kohlenstoff erfordert zur vollständigen Verbrennung 2⅔ kg Sauerstoff. Dabei werden 8080 Wärmeeinheiten frei. Das Verbrennungserzeugnis des Kohlenstoffs ist ein gasförmiger Körper, welcher Kohlensäure genannt wird. Der Kohlenstoff vermag sich indessen auch mit einer anderen Menge Sauerstoff, und zwar mit der Hälfte der vorhin genannten zu verbinden, so daß also 1 kg Kohlenstoff nur 1⅓ kg Sauerstoff aufnimmt. In diesem Falle ist die Verbrennung eine unvollständige und es werden hierbei nur 2431 Wärmeeinheiten entwickelt. Das Verbrennungserzeugnis ist hierbei ebenfalls gasförmig und heißt Kohlenoxyd. Die Verbrennung des Kohlenstoffs zu Kohlenoxyd geht immer dann vor sich, wenn Sauerstoff nicht in genügender Menge vorhanden, also wenn die Luftzufuhr zur Feuerung zu gering ist. Daraus ergibt sich die Notwendigkeit, durch Reinhaltung des Rostes und der Feuerzüge für genügend starke Luftzuführung zu sorgen.

Der Heizwert des Kohlenstoffs und Wasserstoffs ist durch Versuche mit Sicherheit ermittelt. Hiernach könnte es scheinen, als ob sich der Heizwert irgendeines Brennstoffes durch einfache Rechnung feststellen ließe, sobald man seinen Gehalt an Kohlenstoff und Wasserstoff kennt. In Wirklichkeit ist das nicht der Fall, selbst nicht einmal dann, wenn der Brennstoff außer Kohlenstoff und Wasserstoff keinerlei weitere Bestandteile enthält. So kennt man eine gasförmige Verbindung von Kohlenstoff und Wasserstoff, das sogenannte Sumpf- oder Grubengas. In ihm ist das Verhältnis von Kohlenstoff zu Wasserstoff 3 : 1, d. h. auf 3 kg Kohlenstoff kommt 1 kg Wasserstoff. Nun würden 3 kg Kohlenstoff 3 . 8080 = 24 240 Wärmeeinheiten, und 1 kg Wasserstoff 34 600 Wärmeeinheiten liefern. Dies macht zusammen 58 840 Wärmeeinheiten. Nun gibt aber 1 kg Grubengas nur 13 063, also liefern 4 kg 4 . 13 063 = 52 252 Wärmeeinheiten. Somit erhalten wir 58 840 — 52 252 = 6588 Wärmeeinheiten weniger, wenn wir 3 kg Kohlenstoff und 1 kg Wasserstoff, die sich zu 4 kg Grubengas vereinigt haben, als wenn wir jeden Bestandteil für sich verbrennen.

Der Grund für diese Erscheinung ist darin zu suchen, daß die in dem Grubengas vereinigten Grundstoffe Kohlenstoff und Wasserstoff nicht ohne weiteres sich mit Sauerstoff verbinden können, sondern zuerst sich voneinander trennen müssen. Es muß also die vorhandene chemische Verbindung zwischen Kohlenstoff und Wasserstoff wieder aufgehoben werden, ehe die neue Verbindung der Bestandteile mit Sauerstoff vor sich gehen kann. Wie aber überall Wärme frei wird, wo eine chemische Verbindung eintritt, so muß überall da Wärme zugeführt, also verbraucht werden, wo eine chemische Verbindung wieder aufgelöst werden soll. Im vorliegenden Fall also liegt die Sache so, daß durch die Verbindung des Kohlenstoffs und Wasserstoffs im Grubengas zwar die berechnete Menge Wärme erzeugt, daß aber zur Trennung des Grubengases in seine Bestandteile auch Wärme verzehrt wird. Was wir also erhalten, ist der Ueberschuß der erzeugten über die verbrauchte Wärme.

Weit ungünstiger noch liegt die Sache bei unseren gewöhnlichen Brennstoffen. Diese enthalten in der Regel außer Kohlenstoff und Wasserstoff noch andere Bestandteile, die sich nicht mit Sauerstoff verbinden können, und meistens auch noch Wasser. Letzteres wird bei der Verbrennung verdampft, und zu dieser Verdampfung wird ebenfalls Wärme verbraucht.

Die Heizwirkung eines Brennstoffes kann man deshalb nicht berechnen, sondern nur durch Versuche ermitteln. In letzterer Beziehung hat man folgendes festgestellt. Es liefert:

1 kg	Magerkohle . . .	8110	Kalorien
„	Backkohle	7500	„
„	Sandkohle . . .	7760	„
„	Sinterkohle . . .	6600	„
„	faserige Braunkohle .	3600	„
„	erdige „ .	4450	„
„	muschelige „ .	5350	„
„	Koke	6500	„
„	lufttrockener Torf .	3000	„
„	lufttrockenes Holz .	2800	„
„	Holzkohle	8000	„

Aus diesen Zahlen läßt sich nun auch leicht berechnen, wieviel Dampf man durch Verbrennung von je 1 kg der vorgenannten Brennstoffe erhalten kann. Aus § 6 wissen wir, daß, um 1 kg Wasser von 100° in Dampf von 100° zu verwandeln, 537 Kalorien nötig sind. Diese Zahl ändert sich etwas, wenn wir Dampf von höherer Spannung als 1 Atmosphäre erzeugen wollen, andererseits aber muß auch das Speisewasser zuerst auf die Siedetemperatur erhitzt werden. Im Durchschnitt können wir annehmen, daß 640 Kalorien in den Kessel gelangen müssen, um 1 kg Speisewasser zu verdampfen. Hiernach würden sich für die obengenannten Brennstoffe folgende Werte ergeben. Es werden verdampft durch Verbrennung von

1 kg Magerkohle . . . . $\frac{8110}{640} = 12{,}7$ kg Wasser

1 „ Backkohle . . . . . $\frac{7500}{640} = 11{,}7$ „ „

1 „ Sandkohle . . . . $\frac{7760}{640} = 12{,}1$ „ „

1 „ Sinterkohle . . . . $\frac{6600}{640} = 10{,}3$ „ „

1 kg faseriger Braunkohle . $\frac{3600}{640}$ = 5,6 kg Wasser

1 „ erdiger „ $\frac{4450}{640}$ = 6,9 „ „

1 „ muscheliger „ $\frac{5350}{640}$ = 8,3 „ „

1 „ Koke . . . . . . $\frac{6500}{640}$ = 10,1 „ „

1 „ lufttrockenem Torf . . $\frac{3000}{640}$ = 4,7 „ „

1 „ „ Holz . . $\frac{2800}{640}$ = 4,6 „ „

1 „ Holzkohle . . . . . $\frac{8000}{640}$ = 12,5 „ „

In der Praxis aber gelingt es niemals, aus einem Brennstoffe die in vorstehender Tabelle aufgezählte Nutzwirkung zu erzielen. In Wirklichkeit erhält man viel weniger Dampf, als die Rechnung ergibt. Es ist nicht schwer, den Grund hierfür aufzufinden. Es ist nicht möglich, die sämtliche, auf dem Rost erzeugte Wärme in dem Kessel nutzbar zu machen. Zunächst geht durch das erhitzte Mauerwerk Wärme verloren, sodann strahlen die Kesselwände und Armaturteile Wärme aus. Der Hauptverlust aber entsteht dadurch, daß man den heißen Verbrennungsgasen niemals ihre sämtliche Wärme entziehen kann. Dieselben müssen vielmehr noch sehr heiß in den Schornstein gelangen, um den nötigen Zug hervorzubringen. Meistens müssen die Heizgase, wenn sie in den Kamin eintreten, noch eine Temperatur besitzen, die 250° höher als die äußere Lufttemperatur ist.

Die wirkliche Nutzwirkung eines Brennstoffes, d. h. die Dampfmenge, welche man durch vollkommene Verbrennung von 1 kg Brennstoff auf dem Roste erhält, kann man deshalb auch nur durch Versuche ermitteln. In dieser Beziehung wurden auf der Gewerbeausstellung in Düsseldorf im Jahre 1880 von einer Kommission von Sachverständigen ausgedehnte Untersuchungen angestellt, aus deren Ergebnissen wir die nachstehende Tabelle zusammenstellen:

Tabelle über die Leistungsfähigkeit von Kohlen

Herkunft der Kohle bezw. Name der Zeche	Mit 1 kg Kohle wurden erzielt kg Dampf	Der Dampf besaß eine Temperatur von	Der Dampf besaß eine absolute Spannung	Das Speisewasser hatte eine Temperatur von	Hiernach betrug die gesamte nutzbar gemachte Wärme in Kalorien
Rhein-Elbe u. Alma, Gelsenkirchen . .	8,10	154,8°	6,131	18,47°	5155
Bonifazius, Gelsenkirchen	9,02	155,6°	6,038	18,13°	5742
Kohlscheid, Vereinigungsgesellschaft .	10,35	154,06°	6,026	17,50°	6569
Königsgrube, Wanne	8,04	154,03°	6,029	17,00°	5127
Zollverein, Altenessen	9,24	154,00°	6,030	16,50°	5833
Holland, Wattenscheid	8,53	154,9°	6,031	16,80°	5441
Pluto, Wanne . .	8,82	155,00°	6,037	16,50°	5629
Germania, Marten .	9,73	155,00°	6,042	16,00°	6215

Gleichzeitig wurde auch die chemische Zusammensetzung der zu den Versuchen benutzten Kohlensorten ermittelt, und es ist nicht ohne Interesse, auch diese sich vor Augen zu führen und mit den obenstehenden Ergebnissen über die Leistungsfähigkeit zu vergleichen. Die nachstehende Tabelle enthält das Nähere hierüber.

Tabelle über die chemische Zusammensetzung von Kohlen

Herkunft der Kohle bezw. Name der Zeche	Die Kohle enthielt in Prozenten						Ihr theoret. Heizwert war in Wärmeeinheiten
	Wasser	Kohlenstoff	Wasserstoff	Sauerstoff u. Stickstoff	Schwefel	Asche	
Rhein-Elbe u. Alma	1,52	81,38	5,03	4,38	2,08	5,61	8136
Bonifazius . . .	1,79	80,88	5,51	4,53	1,37	5,92	8255
Vereinig.-Gesellschaft	2,20	87,86	5,21	0,95	0,74	4,04	8870
Königsgrube . . .	5,27	72,21	4,83	8,91	1,38	7,40	7132
Zollverein	4,08	76,92	4,69	6,51	1,54	6,26	7567
Holland	1,97	81,61	4,56	7,11	1,25	3,50	7876
Pluto	1,52	83,84	4,78	6,63	1,15	2,98	8152
Germania	1,52	80,83	4,42	5,90	1,12	6,21	7816

Bei den Angaben dieser Tabelle in bezug auf die Nutzwirkung des Brennmaterials wird vollständige Verbrennung vorausgesetzt. Unvollständig ist diese allemal, wenn z. B. der Kohlenstoff nicht zu Kohlensäure sondern zu Kohlenoxyd verbrennt. Nun ist ersichtlich, daß eine vollkommene Verbrennung nur dann vor sich gehen kann, wenn die genügende Menge Sauerstoff vorhanden ist, bzw. dem Brennstoff zugeführt wird. Es wurde schon erwähnt, daß zur vollkommenen Verbrennung von 1 kg Kohlenstoff 2⅔ kg Sauerstoff, und zur vollkommenen Verbrennung von 1 kg Wasserstoff 8 kg Sauerstoff nötig sind. Hätten wir zur Verbrennung reinen Sauerstoff zur Verfügung, so brauchten wir nur diese berechneten Mengen desselben mit dem Brennstoff in Berührung zu bringen. Nun ist aber in der atmosphärischen Luft der Sauerstoff mit einer nahezu viermal so großen Menge Stickstoff vermischt, der für die Verbrennung wertlos ist. Folglich müßten wir der Feuerung, wo 1 l Sauerstoff nötig ist, 5 l Luft zuführen. In Wirklichkeit genügt das bei weitem nicht, da die Brennstoffe nicht imstande sind, der zugeführten Luft allen Sauerstoff zu entziehen. Es muß deshalb weit mehr Luft durch den Rost streichen, als die theoretische Rechnung erfordert. Versuche, welche in dieser Richtung angestellt wurden, haben nachstehende Ergebnisse gehabt. Es erfordert durchschnittlich zur vollständigen Verbrennung:

1 kg Brennstoff	Kilogramm Luft	
	nach der Rechnung	in Wirklichkeit
Steinkohle . . .	10,9	21
Kokes	9,9	18
Braunkohle . . .	7,0	13
Torf	5,4	10
Holz	4,75	9

Man kann also sagen, daß zur vollständigen Verbrennung eines Brennstoffes auf dem Roste annähernd die doppelte Luftmenge erforderlich ist, als durch die Rechnung sich ergibt.

Aus dem Vorstehenden ist ohne weiteres ersichtlich, daß eine richtige Luftzufuhr das wichtigste Erfordernis einer guten und ergiebigen Feuerung ist. Das richtige Maß der Luftzufuhr hängt nun zwar ab von der Beschaffenheit der Feuerungsanlage und des Schornsteines, in nicht geringem Maße aber auch von der Tätigkeit und Aufmerksamkeit des Heizers. Der Schornstein zieht, d. h. saugt fortwährend frische Luft durch den Rost, weil und solange er mit heißen Verbrennungsgasen gefüllt, oder solange die Luft in ihm heißer und damit auch leichter ist als die Luft draußen. Denken wir uns einen Schornstein von 30 m Höhe und 1 qm innerem Querschnitt. Der lichte Rauminhalt desselben beträgt dann 30 cbm. Nun möge die Luft draußen eine Temperatur von 15°, die Luft im Schornstein dagegen eine solche von durchschnittlich 200° haben. 1 cbm Luft von 15° wiegt 1,296 kg, 1 cbm Luft von 200° dagegen nur 0,744 kg. Dies macht einen Unterschied von 0,549 kg. Die 30 cbm Luft im Schornstein wiegen also 15,830 . 0,549 = 16,47 kg weniger, als 30 cbm äußere Luft. Infolgedessen wird die Luft im Schornstein mit einer Kraft von 16,47 kg aufsteigen und also auch mit dieser Kraft frische Luft durch den Rost saugen.

Diese Zugkraft verteilt sich auf die gesamte freie Rostfläche, d. h. auf den gesamten Zwischenraum zwischen den Roststäben. Angenommen, die freie Rostfläche betrage 0,4 qm = insgesamt 0,4 qm = 4000 qcm, so beträgt die Zugkraft für das Quadratzentimeter freier Rostfläche

$$\frac{16{,}47}{4000}\,\text{kg} = \frac{16\,460}{4000}\,\text{g} = 4{,}12\,\text{g}.$$

Zum Messen der Zugkraft eines Schornsteins dienen besondere Instrumente, welche Zugmesser genannt werden. Dieselben bestehen wesentlich aus einer U-förmig gebogenen Röhre, welche bis zu einer gewissen Höhe mit Wasser gefüllt wird. Das eine Ende der Röhre wird mit Hilfe eines Ansatzes mit dem Innern des Fuchses oder Kamins luftdicht in Verbindung gebracht. Der Zug des

Schornsteins bewirkt ein Steigen der Wassersäule in dem einen und ein Fallen in dem anderen Schenkel der Röhre.

Der Abstand der Wasserniveaus in den beiden Schenkeln gibt nun ein Maß für die Zugkraft des Schornsteins, so daß ein Vergleich zwischen gutem und schlechtem Zug möglich ist.

Der Heizer hat dafür zu sorgen, daß bei dem Zuge, welchen der Schornstein ausübt, auch die beabsichtigte Menge Luft durch die Zwischenräume des Rostes (Rostspalten) streichen kann, und ferner dafür, daß die durchströmende Luft auch soweit als möglich, zur gründlichen Verbrennung des Kohlenstoffs zu Kohlensäure, nutzbar gemacht, also ihres Sauerstoffs beraubt wird. Um das erstere zu erreichen, muß er den Rost rein halten, also darauf sehen, daß die Oeffnungen nicht durch Schlacken und Asche verstopft sind. Damit aber die durchziehende Luft nicht unverbrannt in den Schornstein entweicht, darf kein Teil des Rostes von Brennstoff entblößt sein, und andererseits darf auch der Brennstoff nicht in zu hoher Schicht aufgetragen werden. Wo die Luft beim Durchgang durch die Feuerstätte keinen Brennstoff findet, kann sie auch keine Verbindung mit solchem eingehen, und sie dient nur dazu, unnötigerweise dem Schornstein Wärme zuzuführen. Auch beim Oeffnen der Feuertüren entsteht ein bedeutender Wärmeverlust. Durch die geöffnete Tür dringt ein starker Luftstrom infolge des Zuges des Schornsteines ein. Diese Luft erhitzt sich, wenn sie über das Feuer, an dem heißen Mauerwerk und den heißen Wandungen des Kessels vorbeistreicht, und sie führt die aufgenommene Wärme ohne Nutzen dem Schornstein zu. Noch schwerer fällt hierbei ins Gewicht, daß die eindringende kalte Luft die Kesselwände bedeutend abkühlt, sie dadurch zum Zusammenziehen zwingt und auf diese Weise Undichtigkeiten in den Vernietungen erzeugen kann. Daraus erklärt sich die allgemeine Vorschrift, daß das Aufschütten von frischen Kohlen auf den Rost sowie das Reinigen des Rostes von Schlacken möglichst rasch geschehen muß, und daß während dieser Zeit der Kaminschieber geschlossen sein soll. Durch letzteres vermindert man das Ansaugen von Luft durch den Schornstein. Ist der Brennstoff zu hoch aufgeschichtet, so tritt zwar in den unteren Schichten vollständige Verbrennung ein, in den oberen aber werden die Verbrennungsgase zum Teil wieder reduziert, d. h. die Verbindung der Brennstoffe mit Sauerstoff wird wieder zerlegt und ein Teil des Sauerstoffs geht an das oben liegende Brennmaterial. Selbstredend aber entweichen dadurch Gase, welche noch brennbar sind, also noch weitere Wärme entwickeln könnten.

Risse in dem Mauerwerk sind, wenn sie bis zum Feuerraum durchgehen, sorgfältig zu verschmieren, weil durch dieselben stark Luft angesaugt und dadurch die Luftzufuhr durch den Rost erheblich vermindert wird. Man prüft einen Riß im Mauerwerk auf seine Durchlässigkeit für Luft zum Feuerraum, indem man die Flamme einer Lampe oder Kerze an den Spalt hält. Geht der Spalt bis zum Feuerraum durch, so wird die Flamme heftig einwärts gezogen oder gar zum Erlöschen gebracht.

Die Zugkraft eines Schornsteins hängt, wie aus dem Vorhergehenden ersichtlich ist, ab von der Menge und dem Wärmegrad der Luft oder der Gase, welche er faßt. Je höher und weiter ein Schornstein deshalb ist, desto besser zieht er. Die Heizkraft des Schornsteines dadurch zu erhöhen, daß man die Verbrennungsgase möglichst heiß einströmen läßt, ist unvorteilhaft, da die Wärme, welche durch den Schornstein entweicht, für den Kessel verloren geht. Dagegen ist es von Bedeutung, die Gase im Schornstein vor unnötigem Wärmeverlust zu schützen. Deshalb ist ein eiserner Schornstein unvorteilhafter als ein gemauerter, weil ersterer durch Ausstrahlung mehr Wärme verliert. Die beste Form des Schornsteines ist eine runde, weil ein kreisrunder Körper den geringsten Umfang hat, also ein runder Schornstein auch am wenigsten Ausstrahlungsfläche besitzt. Ueberdies bietet auch ein runder Schornstein dem Winde am wenigsten Angriffspunkte, steht deshalb am festesten.

§ 14. Eigenschaften der gebräuchlichen Brennstoffe. Der Wert eines Brennstoffes hängt ab von seinem Gehalt an Kohlenstoff und an sogenanntem überschüssigen Wasserstoff. Als überschüssigen (disponiblen) Wasserstoff bezeichnet man diejenige Wasserstoffmenge eines Brennstoffs, welche nicht an Sauerstoff gebunden ist. Soweit der Wasserstoff an Sauerstoff gebunden auftritt, ist er als bereits verbrannt anzusehen, und kann er folglich zur Wärmeentwicklung nichts beitragen. Der Heizwert eines Brennstoffes wird durch alles herabgemindert, was er außer Kohlenstoff und überschüssigem Wasserstoff sonst noch enthält. Von diesen sonstigen Bestandteilen kommen nur zwei in Betracht, nämlich mineralische, d. h. unverbrennbare Beimengungen, und Wasser. Erstere bilden den unverbrennbaren Rückstand, die Asche, letzteres wird durch die bei der Verbrennung erzeugte Wärme in Dampf verwandelt und entweicht in Gasform durch den Schornstein. Beides erzeugt Wärmeverluste. Die Asche, welche im Feuer glühend gemacht wird und glühend in den Aschenraum fällt, kann ihre aufgenommene Wärme nicht an den Kessel abgeben. Weit schlimmer noch ist das Wasser, zu dessen Verdampfung für jedes Liter 640 Wärmeeinheiten gehören, die für den Kesselbetrieb vollständig verloren sind. Aus diesem Grunde ist ein Brennmaterial geringwertiger, wenn es viel Wasser enthält.

Das Wasser kann nun mit dem Brennstoff mechanisch und auch chemisch verbunden sein. In ersterem Falle bezeichnen wir es als Feuchtigkeit und können es ganz oder wenigstens zum großen Teil durch vorheriges Trocknen entfernen. Chemisch gebundenes Wasser dagegen ist äußerlich nicht bemerkbar und kann auch nicht durch Trocknen entfernt werden. Kennt man die chemische Zusammensetzung eines Brennstoffes, so kann man seinen theoretischen, nicht aber seinen wirklichen Heizwert an der Hand einer feststehenden Formel annähernd berechnen. Der wirkliche Heizwert eines Brennstoffes ist stets erheblich geringer als der aus der chemischen Zusammensetzung berechnete. Es erklärt sich dies daraus, daß die Grundstoffe Kohlenstoff und Wasserstoff sich in einem Brennstoff nicht in freiem Zustande, sondern in Verbindungen finden, und daß diese Verbindungen erst wieder zerlegt werden müssen, ehe die Grundstoffe verbrennen, d. h. eine neue Verbindung mit dem Sauerstoff der Luft eingehen können. Wo aber Wärme erzeugt wird, wenn eine chemische Verbindung vor sich geht, da wird umgekehrt Wärme verbraucht, wenn eine fertige chemische Verbindung wieder zerlegt wird. Was wir also beim Verbrennen unserer Brennstoffe an Wärme erhalten, ist immer der Ueberschuß der erzeugten über die verbrauchte Wärme.

Von den in der Praxis gebräuchlichen Brennstoffen sind nun hauptsächlich folgende zu nennen:

1. Holz. Es besteht aus verdickten Pflanzenzellen und enthält drei Bestandteile, die eigentliche Holzfaser, den Saft und mineralische Masse. Letztere bleibt beim Verbrennen als Asche zurück und beträgt selten mehr als 1 % der lufttrockenen Holzmasse. Der Saft besteht hauptsächlich aus Wasser. Sein Gehalt schwankt zwischen 18 % und 45 % im frischgefällten Zustande. Durch Trocknen an der Luft wird ein Teil des Wassers abgegeben, doch bleiben immerhin je nach der Holzart 10—20 % zurück. Die Holzfaser enthält 40 % Kohlenstoff und 60 % chemisch gebundenes Wasser. Der verhältnismäßig große Gehalt an chemisch gebundenem Wasser erklärt den geringen Heizwert von 2800 Wärmeeinheiten, welcher in der Aufstellung S. 33 angegeben ist. Da auch der Feuchtigkeitsgehalt der verschiedenen Hölzer im lufttrockenen Zustande erheblich verschieden ist, so wird man je nach der Holzart einen verschiedenen Heizwert erhalten. Die Unterschiede sind jedoch nicht sehr groß. Verdampfungsversuche, welche mit verschiedenen Holzarten vorgenommen wurden, zeigten, daß man mit 1 kg lufttrockenem Holz durchschnittlich 4,5 kg Wasser verdampfen konnte.

Wird das Holz unter Luftabschluß der Glühhitze ausgesetzt, so entweichen eine Menge von Bestandteilen in gasförmigem Zustand. Was zurückbleibt, ist Kohlenstoff nebst der unverbrennbaren Masse, der Asche. Da letztere sehr gering ist, so besteht die Holzkohle nahezu aus reinem Kohlenstoff, und damit steht es im Einklang, daß die Holzkohle den hohen Heizwert von 8000 Wärmeeinheiten pro

Kilogramm besitzt, während reiner Kohlenstoff laut unserer Tabelle 8080 Wärmeeinheiten liefert.

2. Torf. Der Torf verdankt seine Entstehung der massenhaften Ablagerung von Pflanzen, hauptsächlich von Sumpfpflanzen, welche unter Wasser, also von der Luft abgeschlossen, vermodern. Hierbei ist es naturgemäß, daß die verwesenden Pflanzenstoffe vielfach mit erdigen Bestandteilen durchsetzt werden. Daraus erklärt sich der hohe Aschengehalt des Torfes (bis zu 30 %). Das äußere Ansehen des Torfes ist abhängig von dem Grade der Verwesung, bis zu welchem die den Torf bildenden Pflanzenstoffe vorgeschritten sind. Frisch gewonnen zeigt der Torf einen sehr hohen Wassergehalt, der durch Trocknen an der Luft zwar vermindert wird, jedoch nicht unter 25 % sinkt.

2. Braunkohlen. Auch sie sind ein Verwesungserzeugnis von Pflanzenstoffen, sind jedoch bedeutend älter als der Torf und unter wesentlich anderen Bedingungen entstanden. Frisch gewonnen enthalten sie bis zu 50 % Wasser, lufttrocken noch etwa 20 %. Der Aschengehalt schwankt zwischen 5 % und 10 %. Bei manchen Braunkohlen läßt sich die Holzstruktur noch deutlich erkennen.

4. Steinkohlen. Sie bilden unser wichtigstes Brennmaterial. Es läßt sich keine scharfe Grenze zwischen Braunkohlen und Steinkohlen ziehen. Im allgemeinen versteht man unter Steinkohlen die ältesten Umwandlungserzeugnisse verwester Pflanzenstoffe, und unter ihnen walten in bezug auf Alter, äußere Struktur, Zusammensetzung und Verhalten im Feuer wesentliche Unterschiede ob. Allen gemeinsam ist ein hoher Gehalt an Kohlenstoff. Derselbe beträgt mindestens 75 % und steigt in den ältesten Kohlen, den Anthraciten oder Magerkohlen, bis zu 95 %. Braunkohlen enthalten selten mehr als 70 % Kohlenstoff.

Die Einteilung der Steinkohlen erfolgt nach verschiedenen Gesichtspunkten. Je nachdem sie im Feuer zerfallen, oder zusammensintern, oder schmelzen und zusammenbacken, unterscheidet man Sandkohlen, Sinterkohlen und Backkohlen. Wichtiger für die Praxis ist die

Art und Weise der Flamme, welche eine bestimmte Kohlensorte gibt. In dieser Beziehung unterscheidet man langflammige, mittelflammige und kurzflammige Kohlen. Eine Kohle brennt mit um so größerer Flamme, je mehr überschüssigen Wasserstoff sie enthält, und zwar aus folgendem Grunde. Flammen entstehen nur dann, wenn der erhitzte Brennstoff brennbare Gase entwickelt. Der Kohlenstoff allein ist aber auch in der stärksten Hitze nicht flüchtig und kann deshalb keine brennbaren Gase erzeugen. Enthält aber die Kohle überschüssigen Wasserstoff, so bilden sich beim Erhitzen gasförmige Verbindungen von Kohlenstoff und Wasserstoff, und diese liefern beim Verbrennen Flammen. Man sagt deshalb, daß der überschüssige Wasserstoff einer Kohle den Kohlenstoff in der Hitze vergast. Magere Kohlen enthalten wenig, fette Kohlen viel überschüssigen Wasserstoff. Daraus erklärt sich, daß erstere mit kurzen, letztere mit langen Flammen brennen. Je mehr und je rascher sich aus einer brennenden Kohle Gase entwickeln, um so mehr Luft ist aber auch in verhältnismäßig kurzer Zeit nötig, um diese Gase zu verbrennen. Bei sehr gasreichen Kohlen ist es in unseren gebräuchlichen Feuerungsanlagen nicht möglich, die zum Verbrennen der entwickelten Gase nötige Luft heranzubringen. Bei der dadurch hervorgerufenen unvollkommenen Verbrennung werden die Gase teilweise zerlegt, wobei sich Kohlenstoff abscheidet und in feinverteiltem Zustande als Ruß entweicht. So kommt es, daß magere Kohlen mit rauchlosen, fette dagegen mit stark rußenden Flammen verbrennen. Es ergibt sich hieraus ferner, daß das Abscheiden von Ruß in einer Feuerung einen Verlust an Brennstoff bedeutet, da der Ruß vorwiegend aus Kohlenstoff besteht und bei vollständiger Verbrennung pro Kilogramm ungefähr 8000 Wärmeeinheiten liefern könnte. Der starke Verlust durch Rauch und Ruß beim Heizen mit fetten Kohlen erklärt es auch, weshalb die fetten Kohlen eine geringere Heizwirkung haben als magere, während man nach der Zusammensetzung der Kohlen das Umgekehrte erwarten müßte und bei vollständiger Ausnutzung der Kohle auch erhalten würde.

Mit der Heizwirkung einer Kohle darf nicht die Heizkraft derselben verwechselt werden. Unter der Heizwirkung verstehen wir die gesamte Wärmemenge, welche durch Verbrennung einer bestimmten Kohlenmenge erhalten wird, unabhängig von der Zeit, welche zur Verbrennung erforderlich ist. Als Heizkraft dagegen bezeichnen wir die Wärmemenge, welche dieselbe Kohlenmenge in einer bestimmten Zeit liefert. Die Heizkraft hängt somit wesentlich von der Schnelligkeit ab, mit welcher die Kohlen verbrennen. Fette Kohlen verbrennen wegen der raschen und reichlichen Gasentwicklung viel schneller als magere, besitzen deshalb auch eine größere Heizkraft. Ein Heizer wird folglich mit fetten Kohlen rascher Dampf erzeugen können als mit mageren, aber dem Kesselbesitzer kostet unter sonst gleichen Umständen das Kilogramm erzeugten Dampfes beim Heizen mit fetten Kohlen mehr als bei Benutzung von Magerkohlen.

Viele, namentlich fette Kohlen, sind reich an Schwefelkies. Dieser durchzieht als goldgelbe oder messinggelbe Streifen und Adern die schwarze Kohlenmasse. Der Schwefelkies besteht aus Eisen und Schwefel und enthält 46,6 % Eisen und 53,4 % Schwefel. Beim Verbrennen entweicht die Hälfte des Schwefels und verbrennt zu gasförmiger schwefliger Säure. Diese entweicht zum größten Teil durch den Schornstein, wird aber teilweise auch von dem Ruß aufgenommen und in diesem durch Zutritt von Sauerstoff und Wasser in Schwefelsäure umgewandelt. Es kann dies Veranlassung zu Anfressungen der Kesselwände und Heizröhren geben. Eine stark schwefelkieshaltige Kohle ist deshalb zu Kesselfeuerungen ungeeignet.

Vielfach besteht die Gewohnheit, die Kohlen vor der Verwendung mit Wasser zu benetzen, in der Meinung, daß dadurch der Heizwert der Kohlen erhöht werde. Die Meinung ist unrichtig. Das Wasser kann als solches nicht verbrennen, also auch keine Wärme liefern. Es ist zwar richtig, daß das Wasser in Berührung mit den glühenden Kohlen teilweise in seine Bestandteile zerlegt wird und daß dadurch brennbare Stoffe, insbesondere Wasserstoff, entwickelt werden. Allein diese Zerlegung erfordert genau soviel Wärme, als durch die Verbrennung des Wasserstoffes wieder gewonnen werden kann, so daß ein Gewinn ausgeschlossen ist. Der Zusatz von Wasser aber erzeugt stets einen Wärmeverlust, weil das Wasser durch die Hitze verdampft und hierzu ein Aufwand von 640 Wärmeeinheiten pro Kilogramm Wasser erfordert wird.

Trotz dieses Verlustes kann es aber angezeigt sein, den Kohlen Wasser zuzusetzen, um sich vor einem noch größeren Verlust zu schützen. Dies ist dann der Fall, wenn man bei scharfem Zuge trockene Staubkohle verfeuern muß. Hier liegt die Gefahr vor, daß durch den scharfen Zug ein Teil der Staubkohle unverbrannt in den Schornstein gerissen wird. Jedes Kilogramm mitgerissener Kohle bedeutet einen Verlust von 7000—8000 Wärmeeinheiten. Um diesen zu verhüten, kann man wohl das verhältnismäßig kleine Opfer bringen, welches die Verdampfung des der Kohle zugesetzten Wassers erfordert.

Der Aschengehalt der Steinkohlen ist ein sehr schwankender. Die besten Kohlen enthalten mindestens 4 % Asche. Der Aschengehalt kann aber in mittelmäßigen und schlechten Kohlen bis auf 25—30 % steigen. Bei 10 % Gehalt an Asche gilt die Kohle noch als eine gute. Die Kohlen enthalten ferner stets chemisch gebundenes Wasser. Auch hier ist der Gehalt sehr schwankend und bewegt sich innerhalb der Grenzen 2—20 %.

5. Koks. Werden Steinkohlen, namentlich fette Back- und Sinterkohlen, in geschlossenen Gefäßen, also unter Luftabschluß, der Glühhitze ausgesetzt, so entweichen eine Menge gasförmiger Stoffe, welche das rohe Leuchtgas bilden, und es hinterbleibt als Rückstand eine Masse, welche neben den Aschenbestandteilen der Steinkohlen wesentlich Kohlenstoff enthält. Diese Masse nennen wir Koks. Sie enthält in trockenem Zustande bis zu 97 % Kohlenstoff. Der als Brennmaterial verwandte Koks hat jedoch nie unter 2,5 %, häufig auch bis zu 6 % Wasser. Der Wassergehalt rührt daher, daß der Koks, wenn er in glühendem Zustande aus den Glühgefäßen herausgezogen wird, zum Ablöschen mit Wasser besprengt werden muß.

6. Generatorgas und Wassergas. In neuerer Zeit werden diese zwei Brennstoffe, welche in sonstigen Zweigen der Technik bereits vielfach Eingang gefunden haben, an einzelnen Stellen auch zum Heizen der Dampfkessel benutzt. Bei der Feuerung mit Generatorgas wird in einem besonderen Ofen, dem Generator, der aus Steinkohlen oder Koks bestehende Brennstoff bei unvollkommener Luftzufuhr verbrannt. Es entwickeln sich alsdann brennbare Gase. Diese werden durch Kanäle oder Röhren an die Verbrauchsstelle geführt und dort verbrannt. Beim Heizen mit Wassergas erzeugt man das brennbare Gas, indem man ebenfalls in einem besonderen Ofen brennenden Koks zuerst durch Einblasen von Luft zur Weißglut anfacht, darauf Wasserdampf durch die glühende Masse leitet. Das Wasser wird hierbei in seine Bestandteile, Wasserstoff und Sauerstoff zerlegt. Letzterer verbindet sich mit dem Kohlenstoff des glühenden Koks zu Kohlenoxyd. Das Gemenge aus Kohlenoxyd und freiem Wasserstoff wird wie das Generatorgas aufgefangen und an der Verbrauchsstelle verbrannt. Generatorgas und Wassergas besitzen eine außerordentliche Heizkraft. Der Hauptvorteil bei Verwendung derselben ist aber darin zu suchen, daß bei ihnen der Brennstoff vollständig ausgenutzt werden kann.

Die Feuerung der Dampfkessel.

Die Feuerungseinrichtung für Dampfkessel ist so verschieden, wie es die Konstruktionen der Dampfkessel sind. Von gleichem Einfluß auf die Art der Feuerung ist das Brennmaterial. Während z. B. für Steinkohle sowie für die besten Braunkohlen sich der Planrost sowohl für eine Innen-Vor- und Unterfeuerung eignen würde, kann für Holz- und Lohefeuerung besser eine Vorfeuerung empfohlen werden. Das Wichtigste an jeder Feuerung ist der Rost, bestehend aus den einzelnen Roststäben, die der Art der Feuerung und dem jeweiligen Brennmaterial zweckmäßig angepaßt sein müssen. Hauptsächlich handelt es sich um die, für das betreffende Brennmaterial richtigste Luftzuführung, die wiederum von den Zugverhältnissen der Anlage abhängig ist. Hieraus geht hervor, daß die Wahl des passendsten Rostes keineswegs aufs „Geratewohl" entschieden werden kann. In jedem einzelnen Falle sollen die hierbei maßgebenden Faktoren festgestellt werden. Anders kann es leicht vorkommen, daß der beste Roststab in kurzer Zeit verbrennt und unbrauchbar wird. Bei einer guten Feuerung darf der Roststab nicht glühend und infolgedessen krumm werden, wodurch die ganze Feuerung ver-

Plan-Roststäbe

Trio-Roststäbe

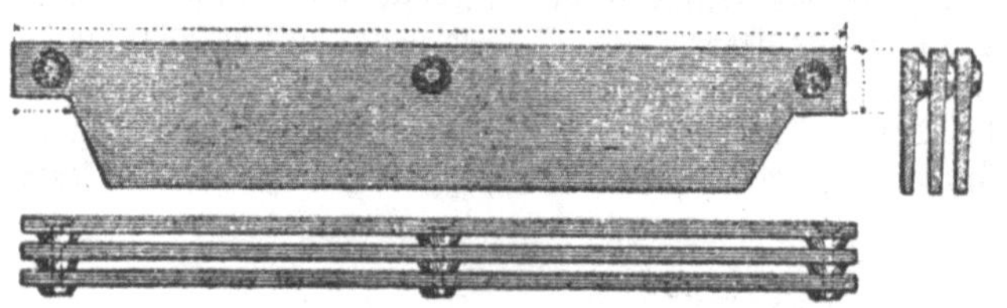

Fig. 4—8

dirbt. Während ein Roststab unter richtig angepaßten Verhältnissen jahrelang brauchbar bleibt, hält derselbe Roststab unter schlecht gewählten Verhältnissen der ganzen Feuerung nur 4 Wochen. Im allgemeinen ist für die Wahl der Dimensionen eines Roststabes maßgebend: die Zugstärke, die Menge des auf dem Rost zu verwertenden Brennmaterials pro Stunde und Quadratmeter der gesamten Rostfläche. Für eine Kohle von hohem Kohlenstoffgehalt ist ein Roststab mit größerer Luftspalte, für eine Kohle von geringerem Kohlenstoffgehalt ein Roststab mit geringerer Luftspalte zu empfehlen, gleichgroße Zugstärke vorausgesetzt. Deshalb kann z. B. für eine Ruhr-Fettkohle von Zeche „Holland" nicht derselbe Roststab dienen wie für eine böhmische Braunkohle. Erstere hat einen Heizwert von nahezu 8000 Wärmeeinheiten, die Braunkohle nur ungefähr 5000 bis 6000.

In umstehenden Figuren sind Planroststäbe dargestellt, wie sie in guten Planrostfeuerungen gebräuchlich sind. Diese Roststabform läßt sich leicht den verschiedenen Feuerungsverhältnissen und Brennmaterialien anpassen, und ist nur darauf zu achten, daß sie sich genügend ausdehnen können, wobei auf das Material, aus dem sie hergestellt sind, Rücksicht genommen werden muß. Guß-, Schmiedeeisen sowie auch Flußeisen und Stahl (ausnahmsweise) sind die gewöhnlichen Materialien, aus denen Roststäbe hergestellt werden. Roststäbe aus Gußeisen haben die weitaus größte Verbreitung.

Handelt es sich um einen Roststab für Lohe, Torf, Sägespäne, Holzabfälle und andere minderwertige Brennmaterialien, so kann der Treppenrost empfohlen werden,

Fig. 9

auch wohl Stufenrost genannt. Gewöhnlich sind solche Feuerungen mit Fülltrichtern versehen.

Aber auch eine einfache Schrägrostfeuerung, auf welcher Schlammkohlen verstocht werden können, haben ihre Vorteile, namentlich wenn es sich um Verfeuerung stark backender und rauchender Steinkohle handelt. Solche Roststäbe sind in vorstehender Form zu empfehlen. (Siehe Figur 9.)

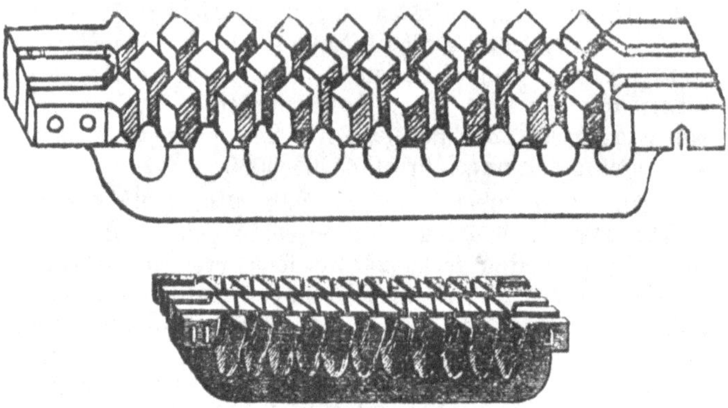

Fig. 10 u. 11

Ein sehr brauchbarer Roststab für viele Verhältnisse ist der sogenannte Schlangenroststab. (Siehe folgende Figur 12, 13, 14.) Diese haben den großen Vorteil einer günstigen Luftverteilung, so daß dadurch eine möglichst innige Mischung der Verbrennungsluft mit den Heizgasen herbeigeführt wird. Kurz gesagt, ist größte freie Rostfläche, geringes Gewicht, glatte glasharte Brennbahn, daher beste Ausnutzung des Brennmaterials und geringste Aschen-

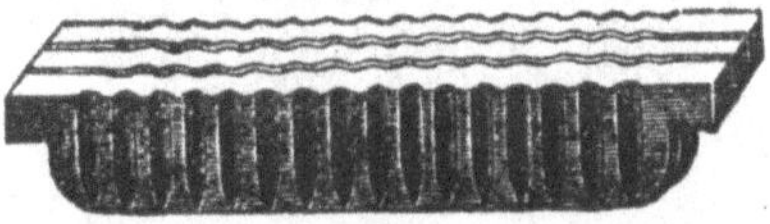

Fig. 12

rückstände, ein Vorzug des starkgewellten Schlangenroststabes bei richtiger Dimensionierung.

Sind aber mangelhafte Zugverhältnisse einmal vorhanden und bessere vorläufig nicht zu erreichen, dann ist ein Roststab zu empfehlen, wie er in Figur 10 u. 11 dargestellt ist.

Unter solchen Verhältnissen muß man von einem Roststab verlangen, daß er Rotglut vertragen kann, ohne allzuviel sich in der Länge zu dehnen. Es ist deshalb bei seiner Konstruktion darauf gesehen, daß das Material mehr in der Querrichtung des Stabes verteilt ist, ohne die Stärke desselben zu vermindern.

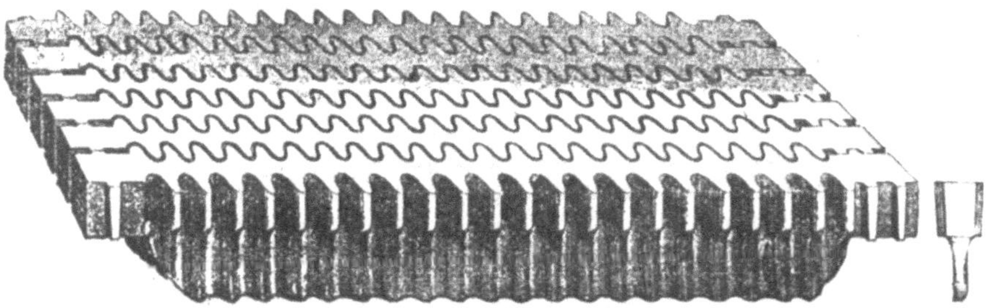

Fig. 13 u. 14

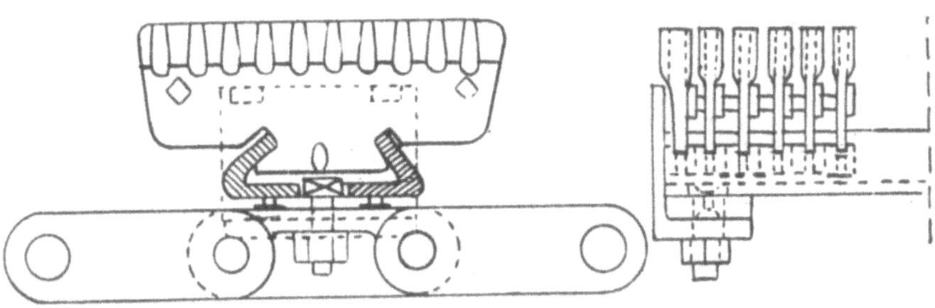

Fig. 14 b.

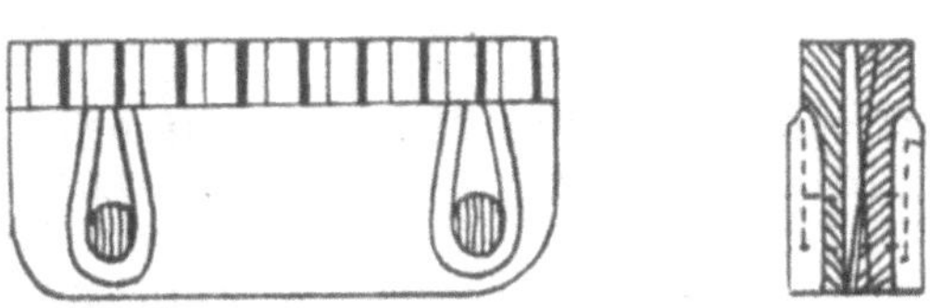

Fig. 14 c.

Schließlich seien noch die Kettenrostglieder für die durch besondere Maschinen oder Dynamos bewegten Kettenroste erwähnt, und die sogenannten Wanderroste, die ebenfalls durch besondere Transmissionen oder Motoren, beweglich sind. Ein Wanderroststabbündel (System Piedboeuf) zeigt Fig. 14b und einen Kettenroststab stellt Fig. 14 dar in der gebräuchlichsten Form, deren es viele gibt.

Beim Betriebe ist hierbei hauptsächlich darauf zu halten, daß die Schlacken durch den mechanisch wirkenden Schlackenabstreicher gründlich abgestreift werden, und zugleich ist eine zu ausgedehnte sekundäre Luftzuführung fernzuhalten. Diese Aufgabe erfüllt am besten der mechanisch wirkende Abstreicher von Faust. Dieser Abstreicher verhindert die Verbrennung der Kettenroststäbe und ist drehbar gelagert, so daß er jeder Unebenheit folgen kann. Die Abstreicherspitzen sind aus sehr feuerbeständigem Material in Kokille gegossen, und können auch leicht ausgewechselt werden.

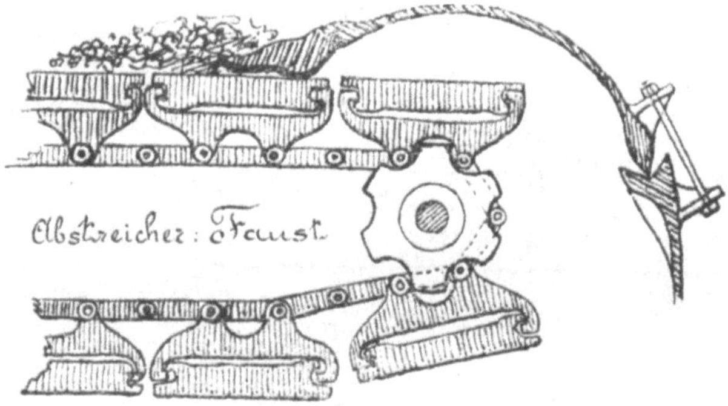

Fig 15 a

Im allgemeinen kann über einen guten Wanderrost gesagt werden, daß von ihm eine starke Bauart verlangt werden muß, um gegen Bruch irgend eines Teiles gesichert zu sein, und daß er auch bei unvorhergesehenen Vorkommnissen von Hand bewegt werden kann. Die an jedem Wanderrost angebrachte Sicherheits-Auslöse-vorrichtung soll absolut sicher funktionieren und ist es sehr empfehlenswert, diese Vorrichtung bei Antritt jeder Wache oder bei Ablösung zu probieren und einzustellen.

Die Halbgasfeuerung von Bergmann.

Für den Wärmeverbrauch bleibt kein anderer Weg übrig, als aus dem Brennstoff, welcher Art er auch sei, die größtmöglichste Wärmemenge nutzbar zu machen, und ist es deshalb zu begrüßen, wenn uns Feuerungs-Methoden an die Hand gegeben werden, die es ermöglichen, geringwertigste Brennstoffe (auch Nebenprodukte) wärmewirtschaftlich zu verwerten. Das Verfahren der Bergmann-feuerung besteht darin, daß dem frischen Brennstoff zunächst eine solche Wärmemenge zugeführt wird, die für die Verdampfung der Feuchtigkeit genügt. Alsdann findet eine Temperatursteigerung in dem Maße statt, daß die Verflüchtigung der leicht- und der schwerflüchtigen Kohlenwasserstoffe und die Verkokung des verbleibenden Brennstoffes vor sich geht. Bei wachsender Temperatur wird alsdann die Vergasung des gebildeten Halbkokes und daran anschließend die Verbrennung der entstandenen Gase stattfinden.

Der Heizprozeß zerfällt also in 4 Phasen, der Vortrocknung, der Schwelung, Vergasung und Verbrennung der entstandenen Gase. Der obere Teil des Füllofens ist durch die Scheidewand a (Abb. 15 b 15 c) inzwei Räume geteilt, und zwar den Füll- oder Schwelraum (C) und in den Gasverbrennungsraum c. Im Füll- oder Schwelraum C wird der frische Brennstoff vorgetrocknet und geschwelt, d. h. in Halbkoks umgewandelt, der allmählig auf der schrägen Brennplatte in die Zone h herabgleitet. Infolge der Scheidewand a liegt hier der Halbkoks in einer Schichthöhe von etwa 400—500 mm, und wird zu Kohlenoxyd vergast. Diese Glutschicht stützt sich auf die Verbren-

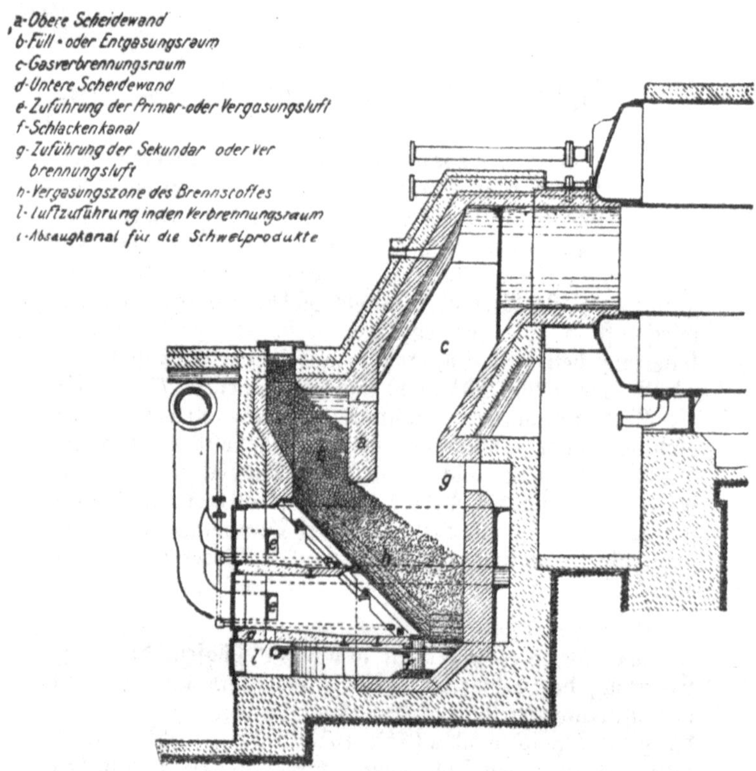
a-Obere Scheidewand
b-Füll - oder Entgasungsraum
c-Gasverbrennungsraum
d-Untere Scheidewand
e-Zuführung der Primar-oder Vergasungsluft
f-Schlackenkanal
g-Zuführung der Sekundar oder Verbrennungsluft
h-Vergasungszone des Brennstoffes
l-Luftzuführung in den Verbrennungsraum
i-Absaugkanal für die Schwelprodukte
c
a
g
h
e
l

15 b.

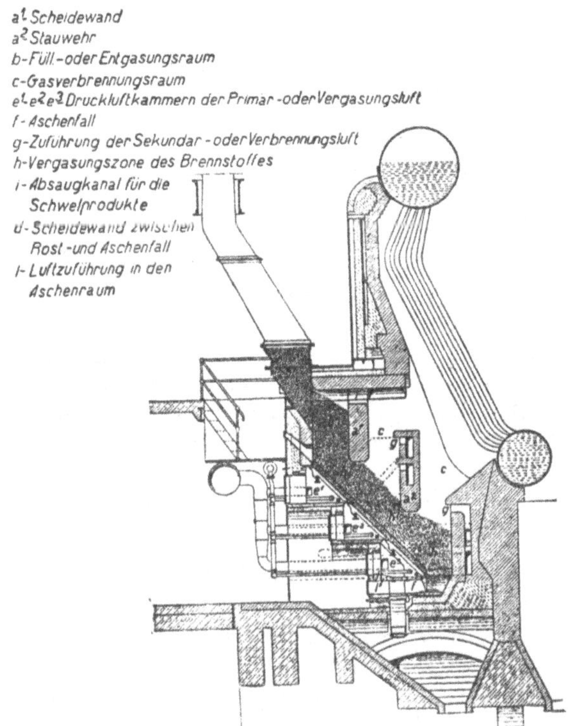
a^1 Scheidewand
a^2 Stauwehr
b-Füll.-oder Entgasungsraum
c-Gasverbrennungsraum
$e^1 e^2 e^3$ Druckluftkammern der Primar-oder Vergasungsluft
f-Aschenfall
g-Zuführung der Sekundar-oder Verbrennungsluft
h-Vergasungszone des Brennstoffes
i-Absaugkanal für die Schwelprodukte
d-Scheidewand zwischen Rost-und Aschenfall
l-Luftzuführung in den Aschenraum

15 c.

nungsrückstände und den Aschenrost im Aschenfall (f) und ruht auf der schrägen Brennplatte. Unter diese wird mittelst eines Ventilators durch Kanal (e) die Vergasungsluft gepreßt, deren Überdruck je nach der Körnung des Brennstoffes geregelt werden muß, um den Widerstand der Brennstoffschicht in Zone (h) zu überwinden. Von hier aus werden die Gasmengen, ebenso wie die Sekundärluft durch den Kanal g von dem Schornsteinzuge angesaugt, und eine innige Mischung der Sekundärluft mit den heißen Gasen herbeigeführt.

Auf diese Weise wird hier erst die gründliche Verbrennung der Gase erzielt, und auch eine möglichst rauchfreie.

Der bei der Vortrocknung und Schwelung im Füll- oder Entgasungsraum h gebildete Wasserdampf und die Schwelprodukte werden durch Kanäle i von dem Schornsteinzuge in den Gasverbrennungsraum angesaugt, wodurch infolge der innigen Mischung der Sekundärluft mit den heißen Kohlenoxydgasen die rauchfreie Verbrennung der letzteren zu Kohlensäuregasen stattfindet. Durch eine Vorwärmung der Sekundärluft mittels regulierbarer Klappen ergeben sich auch bei minderwertigen Brennstoffen höchste Temperaturen.

Die unverbrennbaren Rückstände sammeln sich im Aschenfall (f) von wo sie je nach der Größe der Feuerung entweder von Hand oder automatisch entfernt werden können.

Um ein vollkommenes Ausbrennen zu erreichen, wird durch den Kanal (l) durch die Scheidewand d hindurch ebenfalls Luft mit regulierbarer Pressung eingeführt.

Aus vorstehendem geht hervor, daß diese Feuerung nicht von dem Heizwert des Brennstoffes so abhängt, wie gewöhnliche Feuerungen, sondern daß auch von ganz minderwertigen Brennstoffen, sofern sie überhaupt vergast werden können, der Heizwert vollständig ausgenutzt werden kann.

Die Wärmeleitung und ihre Bedeutung für den Kesselbetrieb.

§ 15. Wird ein Metallstab an einem Ende erhitzt, so wird er nach einiger Zeit auch am anderen Ende so heiß, daß man ihn nicht mehr in der Hand halten kann. Man sagt, die Wärme werde in dem Stabe fortgeleitet. Alle Körper ohne Ausnahme leiten die Wärme, jedoch nicht alle gleich schnell. Man unterscheidet gute und schlechte Wärmeleiter. Zu der ersten Gruppe gehören fast ausschließlich die Metalle, aber auch diese weisen unter sich in bezug auf Wärmeleitungsfähigkeit bedeutende Unterschiede auf.

Um mit dem Wärmeleitungsvermögen eines Körpers praktisch rechnen zu können, nützt es nichts, zu sagen, der Körper sei ein guter oder schlechter Leiter, man muß vielmehr die Leitungsfähigkeit zahlenmäßig ausdrücken. Dazu aber gehört ein Maß, und häufig schafft man ein solches dadurch, daß man die Leitungsfähigkeit irgend eines Körpers als Maßeinheit annimmt und die Leitungsfähigkeit aller übrigen Körper in Bruchteilen oder Prozenten dieser Maßeinheit angibt. So nimmt man die Leitungsfähigkeit des Silbers als Einheit an und sagt beispielsweise, die Leitungsfähigkeit des Kupfers betrage 73 % hiervon, die des Eisens 8,75 % usw. Allein hierbei stößt man sich immer daran, daß man doch nicht weiß, wie groß denn eigentlich die Leitungsfähigkeit des Silbers sei, man also mit einem Maß rechnen muß, welches man nicht kennt. Besser und anschaulicher ist folgende Art zu messen.

Man denke sich einen allseitig geschlossenen Kasten in Form eines Kubikmeters. Fünf Seitenwände desselben mögen aus beliebigem aber gleichem Material, etwa aus Holz, bestehen, als sechste aber soll eine Platte aus dem

Stoffe dienen, dessen Wärmeleitungsvermögen bestimmt werden soll. Denken wir uns ferner, in dem geschlossenen Kasten werde eine bestimmte Temperatur hergestellt und erhalten. Es ist klar, daß alsdann, wofern die Außentemperatur niedriger ist, in jeder Zeiteinheit durch die zu untersuchende Platte eine bestimmte Wärmemenge nach außen gehen wird, und es ist ebenso ersichtlich, daß eine Platte um so mehr Wärme durchlassen wird, je größer ihre Wärmeleitungsfähigkeit ist. Werden nun aus allen zu untersuchenden Körpern Platten bzw. Schichten von gleicher Dicke hergestellt, so ergibt sich eine einfache Methode, die Leitungsfähigkeit eines Körpers zahlenmäßig auszudrücken. man hat nur nötig, die durchgegangene Wärmemenge aufzufangen und zu messen. Die Tabelle auf S. 54 gibt eine Uebersicht über die auf diese Art bestimmte Leitungsfähigkeit der bekannteren Stoffe. Die beigefügten Zahlen geben an, wieviel Wärmeeinheiten durch eine Platte von 1 qm Fläche und 1 mm Dicke in einer Sekunde hindurchgehen, wenn auf beiden Seiten der Platte ein Temperaturunterschied von 1° herrscht.

In dieser Tabelle haben besonders drei Angaben für unseren Zweck Wert und Bedeutung, nämlich die Leitungsfähigkeit des Eisens, der Kieselerde und des Kesselsteins. Wir sehen, daß die Leitungsfähigkeit des Eisens eine verhältnismäßig sehr große ist, und daß deshalb durch die Kesselwände sowie durch die Dampfleitungsrohre sehr viel Wärme unnütz verloren gehen würde, wenn man sich gegen diese Verluste nicht durch Isolieren schützte.

In letzter Zeit wird nun als Isoliermasse allgemein Kieselerde verwandt.

Die Angabe der Tabelle zeigt den hohen Wert dieses Materials als Isoliermasse.

Besonders wichtig ist aber die geringe Leitungsfähigkeit des Kesselsteins. Es ist ersichtlich, daß infolge dieser die Kesselwände, da wo sie mit einer zu dicken Kruste Kesselstein bedeckt sind, leicht zum Glühen kommen, wodurch Zerstörungen und sogar Explosionen der Kessel sehr nahe gerückt werden.

Gute Leiter		Schlechte Leiter	
Name des Körpers	Durch 1 qm Fläche von 1 mm Dicke gehen pro Sekunde Wärmeeinheiten	Name des Körpers	Durch 1 qm Fläche von 1 mm Dicke gehen pro Sekunde Wärmeeinheiten
Silber . . .	110	Marmor . .	0,17
Kupfer . . .	88	Kesselstein . .	0,16
Magnesium . .	38	Wasser . . .	0,16
Aluminium . .	36	Schiefer . . .	0,08
Zink	31	Kork	0,07
Messing . . .	25	Glas	0,04
Kadmium . .	22	Kohle . .	0,04
Schmiedeeisen .	18	Holz längs der Faser . . .	0,03
Stahl . . .	14		
Zinn	14	Zement . . .	0,02
Blei	8	Sägespäne . .	0,01
Neusilber . .	8	Kieselerde . .	0,01
Wismuth . .	1,8	Holz quer zur Faser . . .	0,009
Quecksilber . .	1,7		
		Luft	0,005

Das Kesselspeisewasser.

§ 16. Hervorragende Bedeutung für den Dampfkesselbetrieb hat die Beschaffenheit des Speisewassers. Das Wasser ist überall verbreitet in der Natur und das allgemeinste Lösungsmittel. Infolgedessen ist natürlich vorkommendes Wasser in den seltensten Fällen rein, d. h. frei von aufgelösten fremden Bestandteilen. Das Wasser macht in der Natur einen beständigen Kreislauf. An der Oberfläche aller Wasseransammlungen auf der Erde, hauptsächlich also auf der Meeresoberfläche, verdampfen unausgesetzt ungeheure Wassermengen, welche sich bei sinkender Temperatur zu Wolken verdichten und weiterhin als Regen, Schnee, Hagel usw. auf die Erde niederstürzen. Auf dem Wege durch die Luft hat das Wasser Zeit und Gelegenheit, Bestandteile der Atmosphäre aufzunehmen und mitzuführen. Diese sind gasförmiger Natur, hauptsächlich Kohlensäure, etwas Sauerstoff u. a. Zu ihnen gesellt sich vielfach noch der in den unteren Luftschichren befindliche Staub. Alle diese Beimengungen aber sind für den Gebrauch des Wassers als Kesselspeisewasser gänzlich ohne Bedeutung, und Regenwasser kann für diesen Zweck als reines Wasser angesehen werden. Die Sache aber wird eine andere, sobald man als Speisewasser ein Wasser zu nehmen genötigt ist, welches Erdschichten von größerer Dicke zu durchströmen Gelegenheit hatte und dabei mit löslichen festen Körpern in Berührung gekommen ist. Solches Wasser ist häufig mit diesen aufgelösten Stoffen geradezu gesättigt, und da beim Sieden nur das Wasser, nicht aber die festen Körper sich in Dampf verwandeln können, so bleiben letztere zurück und lagern sich nach und nach in immer größeren Massen im Kessel ab. Manche dieser Stoffe setzen sich dabei in festen, harten Krusten an die Kesselwände an und überziehen dieselben vollständig. Diese Krusten nennt man eigentlichen Kesselstein. Derselbe kann auf die Dauer wegen seiner geringen Wärmeleitungsfähigkeit gefährlich werden, und wo reines, d. h. von aufgelösten festen Bestandteilen freies Wasser nicht zur Verfügung steht, muß man wenigstens zu verhüten suchen, daß diese festen Massen sich als Stein, d. h. in Form einer festen Kruste ausscheiden. Die festen Bestandteile des Wassers, welche bei der Kesselsteinbildung in Frage kommen, sind hauptsächlich kohlensaurer und schwefelsaurer Kalk, sowie kohlensaure Magnesia. Andere Beimengungen, Kochsalz, organische Säuren u. a., sind selten oder kommen, wie die festen Bestandteile des Seewassers, für unsere Verhältnisse nicht in Frage.

Enthält ein Wasser Kalk- und Magnesiaverbindungen, so nennt man es hart, im anderen Falle weich. Unter Härtegrad versteht man den Gehalt an Kalk oder einer gleichwertigen Menge Magnesia in 100 000 Teilen Wasser. Wasser von 1° Härte ist also solches, wenn in 100 000 g = 100 l: 1 g Kalk enthält. 1 g Kalk hat dieselbe chemische Wirkung wie 0,7 g Magnesia. 1 g Kalk oder 0,7 g Magnesia in 100 l Wasser machen somit einen Härtegrad aus. Hierbei ist es gleichgültig, ob der Kalk bzw. die Magnesia an Kohlensäure oder an Schwefelsäure gebunden ist. Durch Kochen kann man das Wasser von den kohlensauren Kalk- und Magnesiaverbindungen befreien, somit ihm die Härte ganz oder zum Teil nehmen. Die nach dem Kochen noch verbleibende Härte rührt nur von Gips, d. h. von schwefelsaurem Kalk her, und sie nennt man die *bleibende* Härte, während die durch sämtliche Kalk- und Magnesiaverbindungen hervorgerufene Härte die *Gesamthärte* heißt.

Kohlensaurer Kalk und kohlensaure Magnesia sind in reinem Wasser unlöslich. Insofern sollte man glauben, daß beide sich auch im Wasser des Bodens nicht finden könnten. Dennoch sind sie gewöhnlich in ziemlicher Menge vorhanden. Der größte Teil der festen Erdoberfläche ist mit einer Pflanzendecke versehen. Die infolgedessen unausgesetzt verwesenden Pflanzen bilden eine sogenannte Humusdecke, in welcher die Vermoderung der organischen Masse fortschreitet und welche infolgedessen mit dem Enderzeugnis der Verwesung des Pflanzenkörpers, nämlich mit Kohlensäure, gesättigt ist. Beim Durchgang durch diese Erdschicht nimmt das Wasser reichlich Kohlensäure auf, und was in die Tiefe dringt, ist eine mehr oder weniger starke wässerige Auflösung von Kohlensäure. Kohlensäurehaltiges Wasser aber ist ein gutes Lösungsmittel für kohlensauren Kalk und kohlensaure Magnesia. So kommt daß alles Quell- und Brunnenwasser, welches Erdschichten mit kohlensaurem Kalk und kohlensaurer Magnesia durchströmt hat, stets diese beiden Stoffe in Lösung enthält. Kocht man nun eine Probe solchen Wassers in einem Glaskolben, so sieht man dasselbe alsbald trübe werden, und läßt man sie nach dem Kochen ruhig stehen, so bildet sich ein weißer Bodensatz. Dieser besteht aus kohlensaurem Kalk bzw. kohlensaurer Magnesia. Der Grund ist leicht einzusehen. Durch das Kochen verliert das Wasser alle aufgelösten gasförmigen Bestandteile, also auch seine Kohlensäure. Da nun die kohlensauren Kalk-

und Magnesiaverbindungen in kohlensäurefreiem Wasser unlöslich sind, so folgt daraus, daß beide beim Kochen sich abscheiden müssen. Dieses Abscheiden aber erfolgt sehr rasch durch die ganze Wassermasse hindurch, so daß die ausgeschiedene mineralische Masse gar keine Zeit und Gelegenheit hat, sich in festen Krusten an die Wände anzusetzen. Infolgedessen gibt Wasser, welches nur kohlensauren Kalk und kohlensaure Magnesia enthält, keinen Kesselstein, sondern nur einen Kesselschlamm, der am Boden lose aufliegt.

Anders aber ist die Sache in bezug auf die Bildung fester Rückstände, wenn das Speisewasser schwefelsauren Kalk oder Gips in Lösung enthält. Der Gips ist im Wasser schwer löslich, aber nicht unlöslich. 1 l Wasser vermag bis zu 2,72 g Gips zu lösen. Wird solches Wasser im Kessel verdampft, so wird schließlich der Zeitpunkt eintreten, wo der Gipsgehalt so groß wird, daß ein Teil sich ausscheiden muß. Das Ausscheiden eines gelösten Körpers aber erfolgt erfahrungsgemäß am leichtesten an einem in die Flüssigkeit gesteckten festen Körper, im Kessel also am ehesten an den Wandungen des Kessels und der Sieederöhren. Hierbei aber geschieht das Abscheiden langsam und allmählich, und die feste Masse hat Zeit genug, um sich an die Wände fest anzuheften und auf der so gebildeten Decke sich weiter aufzubauen. So entsteht der Kesselstein. Es gibt nun ein einfaches und billiges Mittel, um auch bei gipshaltigem Wasser Kesselsteinbildung, d. h. also das Ansetzen einer festen Kruste, zu verhüten. Das ist die Soda. Soda ist kohlensaures Natron, d. h. eine Verbindung von Natron mit Kohlensäure. Gips ist schwefelsaurer Kalk, d. h. eine Verbindung des Kalkes mit Schwefelsäure.

Setzt man nun zu gipshaltigem Wasser etwas Soda und kocht das Gemisch, so entsteht ebenfalls eine Trübung oder ein Niederschlag, und bei ruhigem Stehenlassen erhält man einen Bodensatz, der bei der Untersuchung sich als kohlensaurer Kalk herausstellt. Soda und Gips haben sich umgesetzt zu kohlensaurem Kalk und schwefelsaurem Natron. Der Prozeß kann durch folgende Formel veranschaulicht werden:

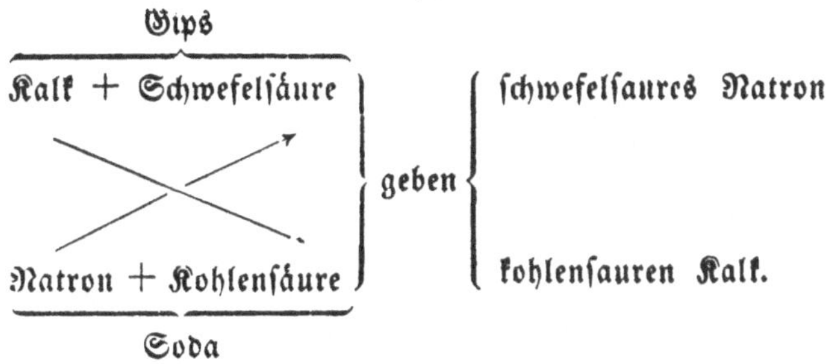

Das schwefelsaure Natron ist im Wasser leicht löslich und bleibt in Lösung, der kohlensaure Kalk muß aus den vorhin entwickelten Gründen fallen. Man erhält also auch hier einen Schlamm, aber nicht festen Stein.

Hier muß auf einen großen Nachteil des im Wasser löslichen, und deshalb im Kessel zurückbleibenden „schwefelsauren Natron“ aufmerksam gemacht werden.

Dieses hat nämlich eine ähnliche Wirkung wie z. B. chlorhaltiges, Chlormagnesium, Salzsäure oder Schwefelsäure enthaltendes Speisewasser, und bewirkt Anfressungen der Kesselplatten im Innern, welche oftmals zur Außerbetriebsetzung solcher Kessel geführt haben. In solchen Fällen muß stets eine oftmalige Entfernung des Schlammes und Erneuerung des ganzen Kesselwassers vorgenommen werden, und zwar nach je 14 tägiger bis vierwöchentlicher Betriebszeit, um den schädlichen Einwirkungen des schwefelsauren Natron, oder ähnlichen säurehaltigen Schlammes zu begegnen. Ebenso hat man zu verfahren, wenn das Speisewasser unvermutet durch Schmutzwasser verunreinigt ist.

Die Frage, wieviel Soda dem Speisewasser zur Zersetzung des Gipses täglich zuzusetzen ist, kann nur auf Grund einer chemischen Untersuchung des Wassers beantwortet werden. Eine solche vorzunehmen, liegt nicht in der Macht des Kesselwärters. Es muß ihm gesagt werden, welchen Grad bleibender Härte das Speisewasser besitzt, und für jeden Härtegrad hat er für 100 l Speisewasser

2 g Soda zuzufügen. Ein Ueberschuß von Soda ist zu vermeiden, weil sonst das Wasser leicht schäumt. Der Sodazusatz muß selbstredend auch stetig, nicht auf einmal für längere Zeit erfolgen. Wenngleich es selbstverständlich ist, muß doch aus guten Gründen darauf aufmerksam gemacht werden, daß man durch kein Mittel, welches dem Speisewasser zugesetzt wird, die aufgelösten festen Bestandteile beseitigen kann. Das einzige, was man erreichen kann und will, ist, steinbildende Beimengungen in schlammbildende umzuwandeln. Dies tut die Soda leicht und vollständig. Andere sogenannte Antikesselsteinmittel sind teurer als Soda, meistens weit weniger wirksam und sehr häufig sogar den Kesselwänden direkt schädlich. Man tut deshalb wohl, von ihrer Verwendung vollständig abzusehen. Kondensationswasser als Speisewasser zu verwenden, ist vorteilhaft, insofern als solches keine festen Bestandteile mehr enthalten kann, dagegen ist dasselbe häufig durch mitgerissene Schmieröle verunreinigt, und diese können die Kesselwände schädigen, wenn sie aus fetten Oelen bestehen, oder das Kesselwasser wenigstens verunreinigen und zum Schäumen Veranlassung geben, wenn sie von Mineralölen herrühren. Somit soll man möglichst zu verhüten suchen, daß das auf dem Kondensationswasser schwimmende Oel mit in den Kessel gelangt.

In neuerer Zeit sind verschiedene Vorrichtungen in Gebrauch gekommen, um das Wasser vor der Verwendung als Speisewasser weich zu machen, also ihm die härtebildenden Stoffe zu entziehen. Sie beruhen darauf, daß durch gelöschten Kalk oder durch Soda und Kalk diese Stoffe niedergeschlagen werden.

Das beste Speisewasser ist dasjenige, welches am wenigsten härtebildende Stoffe enthält. In erster Linie steht hier das Regenwasser. Weniger gut, immerhin aber noch sehr weich ist das Fluß- und Bachwasser. Am ungünstigsten ist in der Regel das Quell- und Brunnenwasser. Zwar kann es vorkommen, daß auch dieses frei ist von Kalk- und Magnesiaverbindungen, aber diese Fälle sind verhältnismäßig selten. Eigentümlich erscheint es auf den ersten Blick, daß das Fluß- und Bachwasser weicher ist als das Quell- und Brunnenwasser, da die Bäche und Flüsse doch nur den Zusammenlauf von Quellwasser bilden. Die Tatsache aber steht fest, daß im mittleren und unteren Lauf die Flüsse weiches Wasser führen, und der Grund liegt darin, daß das Wasser bei den fortwährenden Berührungen mit den Bodenbestandteilen des Bettes und der Ufer die aufgelösten festen Bestandteile mehr und mehr abgibt. So beobachtet man vielfach, daß Wasserläufe, welche in einiger Entfernung von der Quelle noch mit Gips geradezu gesättigt sind, bereits in der Entfernung von wenigen Stunden ihren Gipsgehalt merkbar verringern und allmählich ganz abgeben. Das gleiche Verhalten zeigen sie inbezug auf andere beigemengte schwerlösliche Bestandteile, also namentlich auch inbezug auf kohlensaure Kalk- und Magnesiaverbindungen. Wo deshalb Flußwasser als Speisewasser irgendwie zur Verfügung steht, wird man ihm vor jedem Brunnenwasser den Vorzug geben.

Verwandlung von Wärme in Arbeit.

§ 17. Es gibt sehr viele Erscheinungen, welche die Tatsache offenkundig machen, daß man durch Aufwand von Wärme Arbeit und umgekehrt durch Aufwand von Arbeit Wärme erzeugen kann. Ein gehämmertes Bleistück wird warm, durch Reiben des Stahles am Feuerstein entsteht soviel Wärme, daß die abgerissenen Eisenteilchen zum Glühen kommen. Drücken wir eine eingeschlossene Luftmenge rasch und kräftig zusammen, so wird soviel Wärme erzeugt, daß ein vorher eingebrachtes Stück Feuerschwamm lebhaft aufflammt. Lassen wir aber ein Gas, welches stark zusammengedrückt war, sich ausdehnen, so kühlt es sich bedeutend ab. Einen einfachen Beweis hierfür kann sich jedermann jeden Augenblick verschaffen. Hauchen wir mit unserem Munde langsam auf den Rücken unserer Hand, so empfinden wir deutlich die Wärme der ausgeatmeten Luft. Blasen wir aber dieselbe Atmungsluft in einem kräftigen Strahl auf die Hand, so zeigt sich ein deutliches

Kältegefühl. In beiden Fällen hatte die Luft im Munde dieselbe Temperatur, ja im letzteren Falle war sie sogar infolge der Zusammendrückung noch etwas wärmer. Trotzdem hatte sie sich jetzt, als sie die Hand berührte, so weit abgekühlt, daß wir durch unser Gefühl den Wärmeverlust merken konnten. Dies kann nur dadurch erklärt werden, daß die Luft, die im Munde stark zusammengedrückt war, sich ausdehnte, als sie die Mundöffnung passiert hatte und infolge der Ausdehnung einen Teil ihrer Wärme verlor. Im heißen Sommer steigt die warme Luft unausgesetzt nach oben. Infolgedessen müßte es in den oberen Luftschichten am wärmsten sein. Tatsächlich ist es jedoch dort bis zur Eisbildung kalt. Auch hier erklären wir die Tatsache dadurch, daß die Luft in den oberen Schichten, wo weniger Druck auf ihr lastet, sich ausdehnt und dadurch Wärme verbraucht. Das großartigste Beispiel aber für die Verwandlung von Wärme in Arbeit haben wir in den Dampf-, Gas- und Heißluftmaschinen.

Hierbei entsteht nun die Frage, in welchem Größenverhältnis Wärme und Arbeit zueinander stehen, also welche Arbeitsmenge durch Aufwand einer Wärmeeinheit erzeugt werden kann. Die Feststellung dieser Größe, die sich nur auf dem Wege des Versuches ermitteln ließ, hat zu sehr zahlreichen und ausgedehnten wissenschaftlichen Arbeiten Veranlassung gegeben und ist infolgedessen auch mit aller Sicherheit erreicht. Zunächst handelt es sich darum, ein Maß für die Arbeitsgröße zu finden. Es ist klar, daß, wenn ich ein Gewicht von 1 kg aufhebe, ich eine gewisse Arbeit leiste, da ich ja die Schwerkraft, d. h. die Anziehungskraft der Erde überwinden muß. Es ist ferner klar, daß ich die doppelte, dreifache, zehnfache Arbeit leiste, wenn ich das Kilogramm Gewicht in derselben Zeit auf eine doppelte, dreifache, zehnfache Höhe hebe. Die Arbeit nun, welche hinreicht, um 1 kg 1 m hoch zu heben, wird als Arbeitseinheit betrachtet. Man nennt sie K i l o g r a m m e t e r. 75 Kilogrammeter bilden eine Arbeitsgröße, welche man P f e r d e k r a f t nennt.

Unter der mechanischen L e i s t u n g einer Kraftmaschine versteht man die Arbeit, welche in einer bestimmten

Zeiteinheit, gewöhnlich in 1 Sekunde, geleistet wird. Eine Dampfmaschine von 25 Pferdestärken ist eine solche, welche in jeder Sekunde 25 Pferdestärken = 25 . 75 kgm Arbeit zu leisten vermag.

Durch Untersuchungen auf den verschiedensten Wegen ist man nun zu dem übereinstimmenden Ergebnis gekommen, daß eine Wärmeeinheit gleichbedeutend ist 424 Arbeitseinheiten, also daß man durch Aufwand einer Wärmeeinheit eine Arbeit von 424 Kilogrammeter leisten kann, und daß man umgekehrt 424 Kilogrammeter verbrauchen muß, um eine Wärmeeinheit zu erzeugen. Für den Heizer hat nun die Frage besonderen Wert, wieviel Kilogramm Kohlen stündlich auf dem Roste zu verbrennen sind, damit die Dampfmaschine eine bestimmte Anzahl von Pferdekräften leistet. Genau und allgemein läßt sich diese Frage nicht beantworten, da hierbei viele unberechenbare Umstände, wie Beschaffenheit der Kohle, der Feuerungsanlage, Form des Kessels u. a. mitspielen. Durch Rechnung läßt sich finden, daß eine Dampfmaschine bei einer Spannung von 4 Atmosphären stündlich pro Pferdekraft 16 kg Dampf verbraucht. Bei höherer Dampfspannung ist der Dampfverbrauch geringer, und kann z. B. bis auf 4,3 kg Dampf für die Pferdekraft und Stunde gebracht werden, wenn die Maschine mit einer Vorrichtung versehen wird, die den Zweck hat, den Gegendruck des Abdampfes durch Kondensation desselben auf den geringsten Teil des Atmosphärendruckes zu bringen. Beiläufig bemerkt, beträgt in solchem Falle der Dampfdruck des kondensierten Dampfes nur noch 1/10 Atmosphäre.

Näheres hierüber siehe im „Maschinisten“.

Einteilung, Aufstellung und Einmauerung der Dampfkessel.

§ 18. Die Grundform aller Dampfkessel ist der Hohlzylinder. Der einfachste Kessel ist der einfache Zylinder- oder Walzenkessel (Fig. 15 u. 16). Der Querschnitt desselben ist ein Kreis, der Längsschnitt weicht vom Rechteck deshalb ab, weil die beiden Böden des Kessels mehr oder weniger gewölbt sind und deshalb gekrümmte Schnittlinien liefern. Die Heizfläche dieses Kessels wird,

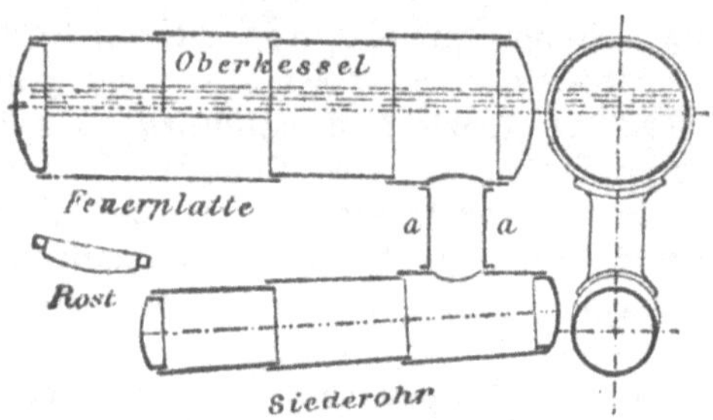

Fig. 15 u. 16

da die Heizgase nur an die äußeren Kesselwandungen herantreten können, von einem Teil seiner Oberfläche gebildet, und sie beträgt in der Regel zwei Drittel der Oberfläche. Man unterscheidet liegende und stehende einfache Walzenkessel. Letztere werden häufig auf Eisenwerken angewandt und dort durch die abziehenden Heizgase der Puddel- und Schweißöfen geheizt. Die zylindrische Oberfläche des einfachen Walzenkessels wird aus einzelnen Platten gebildet und heißt der Mantel des Kessels. Der Mantel wird durch die beiden Böden begrenzt. Diejenige Platte des Mantels, welche die erste Hitze empfängt, heißt die Feuerplatte.

Besteht ein Dampfkessel aus mehreren einfachen Zylinderkesseln, welche beispielsweise übereinanderliegen und durch Stutzen aa miteinander verbunden sind (Fig. 15), so erhält der untere gewöhnlich einen kleineren Durchmesser und heißt alsdann Siederohr. Durch Verbindung von zwei und mehreren Zylinderkesseln erhalten wir somit die einfachen Walzenkessel mit Siederöhren. Diese unterscheiden sich durch die Anzahl der Siederöhren und durch die Lage des Feuerrostes. Der Hauptkessel befindet sich gewöhnlich oberhalb der Siederöhren und heißt deshalb auch Oberkessel. Liegt beispielsweise der Feuerrost unter dem Oberkessel, welcher die Feuerplatte besitzt, und hat der Kessel nur ein liegendes Siederohr, so heißt das Kesselsystem ein einfacher liegender Walzenkessel mit Siederohr (Fig. 15). Die Feuerung kann bei diesem Kessel auch unter dem Siederohr liegen. Man unterscheidet hiernach Unterfeuerung und Zwischenfeuerung. Die Heizfläche eines solchen Kessels besteht aus zirka zwei Dritteln der Oberfläche des Oberkessels und aus der ganzen Oberfläche des Siederohres. Die Heizfläche heißt hierbei eine äußere, weil die Heizgase den Oberkessel und die Siederöhren nur von außen bespülen. Beträgt der Durchmesser der Siederöhren nur 100—150 mm oder noch weniger, so heißt der mit solchen Röhren ausgestattete Kessel ein engröhriger Siederohrkessel.

Ein einfacher Walzenkessel mit engen Siederöhren ist z. B. ein Neumannkessel, welcher in Fig. 17 wiedergegeben ist. Die Feuerung ist unterlegt.

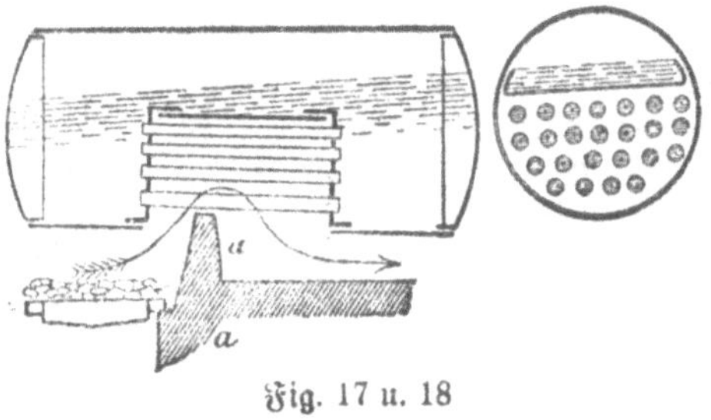

Fig. 17 u. 18

Durch eine Feuerbrücke bei aa werden die Heizgase gezwungen, die Siederöhren zu umspülen. Im übrigen ist die Einmauerung des Kessels ebenso einfach, wie die eines einfachen Walzenkessels.

Ein anderer einfacher Walzenkessel mit engen Siederöhren ist der sogenannte Heynekessel. Dieser unterscheidet sich vom Neumannkessel durch die Lage der Röhren, welche zwischen zwei an den Walzenkessel angebauten senkrechten Wasserkasten eingesetzt sind, wie Fig. 20 zeigt. Die Ein-

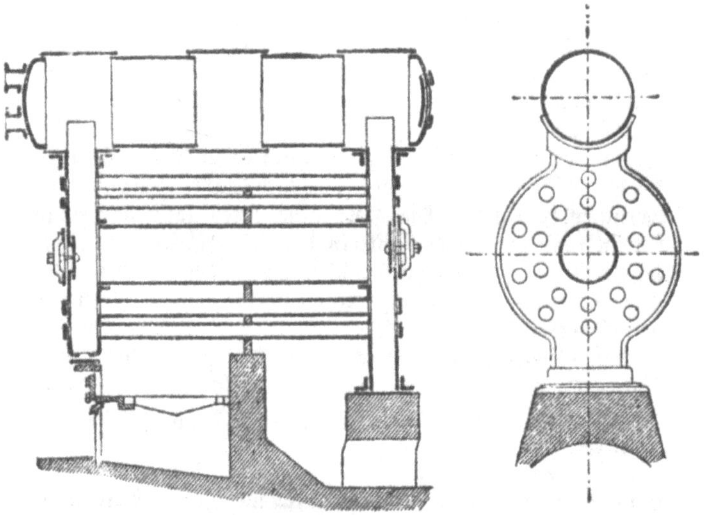

Fig. 19 u. 20

mauerung ist ebenfalls möglichst einfach, und durch eine Wand, welche zwischen den Röhren aus einzelnen Teilen eingebaut ist, werden die Heizgase gezwungen, sämtliche Siederöhren zu umspülen.

Besteht ein Kessel nur aus engen Siederöhren, so bezeichnet man die Weite der Röhren besonders, und sagt: es ist ein engröhriger Siederohrkessel mit Siederöhren von 100—150 mm.

Der Kessel Fig. 21 besteht aus einer Anzahl schmiedeeiserner, übereinander geschweißter Röhren, die nach hinten geneigt, 100—127 mm weit, 2,84—4,0 m lang sind und in wagerechten Reihen, die einzelnen Reihen versetzt, übereinander liegen. Jedes Rohr ist vorn und hinten in einen

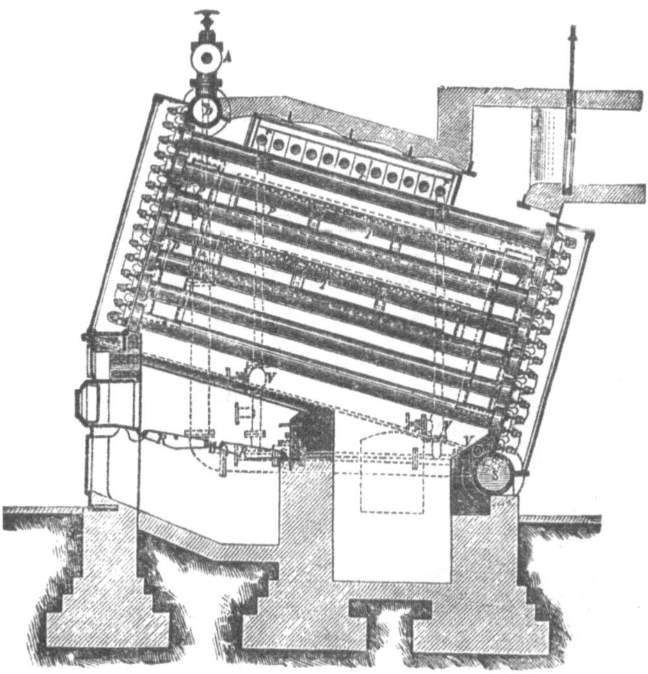

Fig. 21

gußeisernen oder gußstählernen Kopf dampfdicht eingeschraubt. Die versetzt übereinander liegenden Rohrköpfe sind durch eine Verbindungskappe, welche als bogenförmiger Krümmer gestaltet ist, zu je zweien verbunden. Die vorderen Rohrköpfe der obersten Reihe stehen ebenfalls durch einen Krümmer mit dem Dampfsammler D, die hinteren Rohrköpfe der untersten Reihe mit dem Schlammsammler S, in den das Speisewasser eingeführt wird, in Verbindung.

Es werden so in senkrechter Richtung im Zickzack laufende Kanäle gebildet, welche in der vorderen Wand sämtliche Rohre mit dem Dampfsammler, in der hinteren

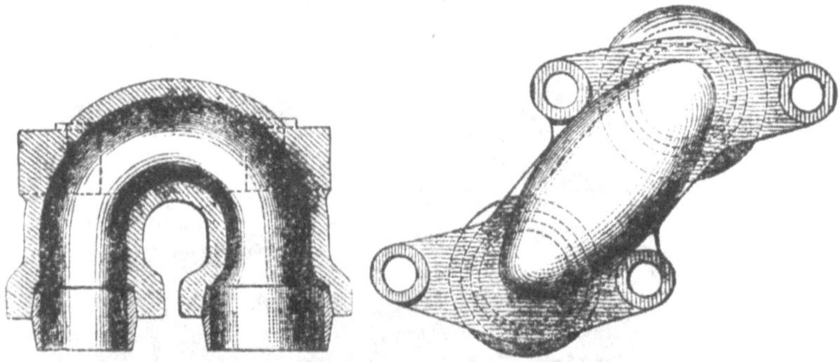

Fig. 22

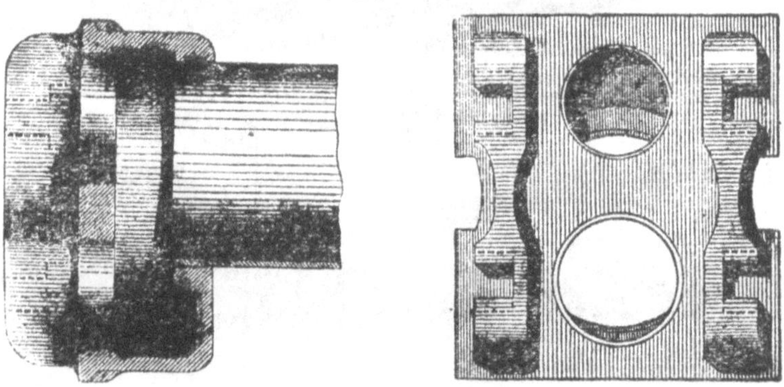

Fig. 23

Wand den Schlammsammler mit sämtlichen Röhren verbinden. Infolgedessen tritt das Speisewasser aus dem Schlammsammler hinten in die Rohre ein, und der Dampf, welcher sich in den Röhren entwickelt, geht durch die vorderen Kanäle in die Höhe und gelangt so in den Dampfsammler.

Die Züge müssen durch Platten, die auf und zwischen den Röhren eingepaßt sind, aus feuerfestem Material, nicht etwa aus Eisenplatten, gebildet werden.

Sämtliche Rohre sind vom Feuer umspült.

Der Normalwasserstand ist so tief gewählt. daß noch ein Teil der oberen Rohre frei von Wasser bleibt und das mitgerissene Wasser in denselben verdampft.

Vielfach wird über dem Rohrsystem ein Speisewasservorwärmer angeordnet, den die abziehenden Feuergase umspülen.

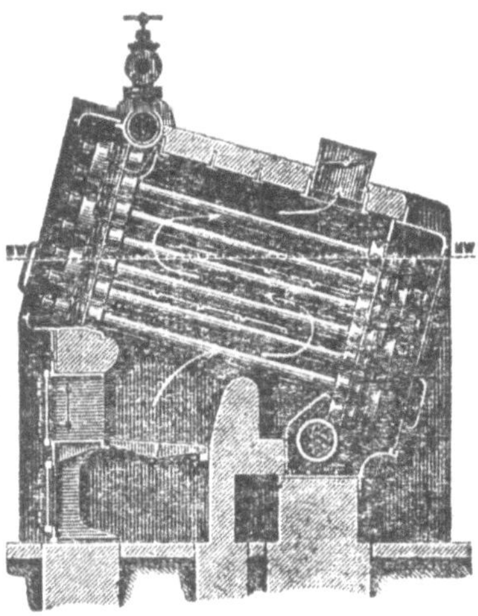

Fig. 24

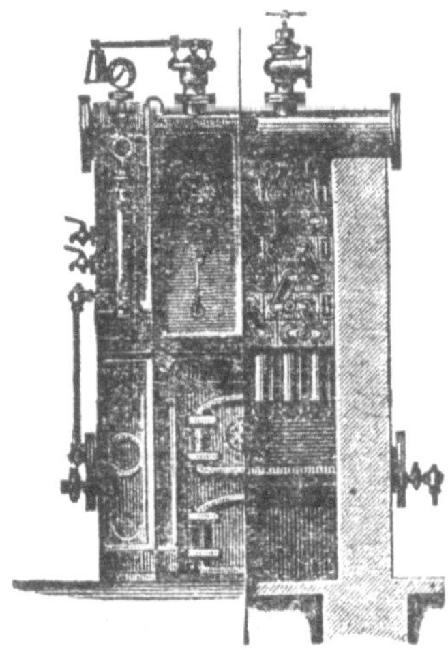

Fig. 25

Sämtliche Verbindungskappen (Fig. 22 und 23) sind bogenförmig und können von beiden Seiten eingesehen und bequem gereinigt werden. Die Heizfläche bei den vorgenannten Kesseln wird überall aus der, außen von den Heizgasen bestrichenen, Oberfläche der Siederöhren gebildet, soweit diese mit Wasser gefüllt sind, und heißt deshalb „äußere wasserberührte Heizfläche".

Berechnet wird dieselbe wie bereits angegeben, ist aber stets abhängig von der Lage des niedrigsten Wasserstandes.

Bei einfachen Walzenkesseln liegt derselbe so, daß ⅔ des Umfanges im Wasser liegen, ⅓ im Dampf. Außerdem muß der niedrigste Wasserstand 100 mm über der höchsten Kante der vom Feuer berührten Heizfläche liegen. Die gewöhnliche Einmauerung eines einfachen Walzenkessels zeigt Fig. 26. Die Reihenfolge der Züge ist aus den Zahlen zu ersehen.

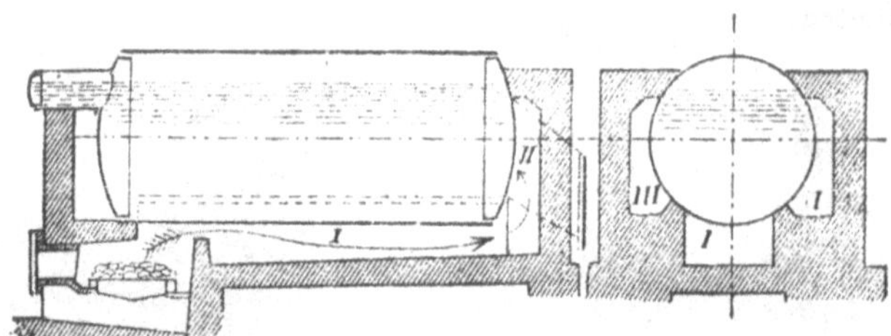

Fig. 26

Fig. 27 stellt einen Walzenkessel mit zwei Siederröhren dar, welcher allgemein bekannt ist unter dem Namen Gegenstromkessel, weil das kalte Speisewasser bei c in dem letzten Punkte des zweiten Siederohres eintritt, und bei b, nachdem es durch den Verbindungsstutzen a das erste Siederohr durchströmt hat, erst in den Oberkessel tritt, sich also vor der Verdampfung allmählich erhitzt. Die Heizgase dagegen kommen vom Feuerrost her, bestreichen den Oberkessel zuerst, dann das erste Siederohr im Zug II und zuletzt das zweite Siederohr im Zug III, von wo aus sie in den Fuchs gelangen, der den letzten Zug III mit dem Kamin verbindet.

Während bei den Siederohrkesseln die Heizung in der Weise geschieht, daß die Heizgase die Siederröhren von außen bestreichen, und das Wasser sich innerhalb der Siederröhren befindet, werden bei den Flammrohrkesseln die Röhren von innen geheizt, dagegen an der äußeren Fläche vom Wasser bespült.

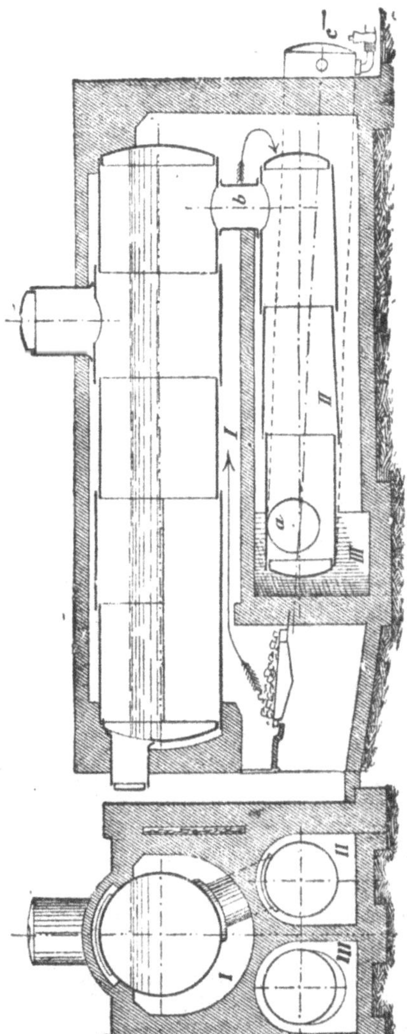

Fig. 27

Das Flammrohr ist also das Gegenteil vom Siederohr; es hat in der Regel dieselbe Weite wie das Siederohr, zwischen 300 und 1000 mm, und ist in einem einfachen Zylinderkessel eingebaut. Hat das Flammrohr eine Weite unter 300 mm oder nur zwischen 50 und 100 mm Weite, so heißt es ein **Heizrohr**.

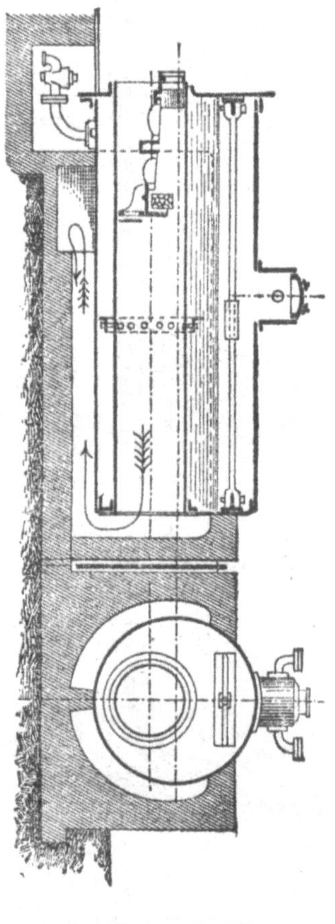

Fig. 28

Der einfachste Flammrohrkessel ist also aus dem einfachen Walzenkessel entstanden, indem ein weites Flammrohr eingebaut ist, und heißt dann **Einflammrohrkessel** oder Cornwallkessel. Er ist in Fig. 28 dargestellt.

Figur 29 stellt einen Einflammrohrkessel in Verbindung mit einem Neumannkessel dar, dessen Siederöhren in senkrechter Richtung angeordnet sind, und Fig. 30 einen Einflammrohrkessel mit Wellrohr, der auch Seitrohrkessel genannt wird wegen der seitlichen Lage des Wellrohres im Hauptkessel, durch welche eine bessere Reinigung, bezw. Entfernung des Kesselsteines, sowie eine größere Zirkulation des Wassers im Kessel erzielt werden soll.

Baut man zwei Flammrohre hinein, so entsteht der *Zweiflammrohrkessel*. Einen solchen mit der älteren Einmauerungsart zeigt Fig. 31.

Der Feuerrost ist hier in die Flammröhren gelegt, und die Feuerung heiß deshalb *Innenfeuerung*. Die Heizgase bestreichen zunächst die innere Fläche der Flammrohre, und letztere heißt deshalb *Innenheizfläche*. Danach ziehen gewöhnlich die Heizgase durch die Züge II, welche seitlich angeordnet sind, und schließlich

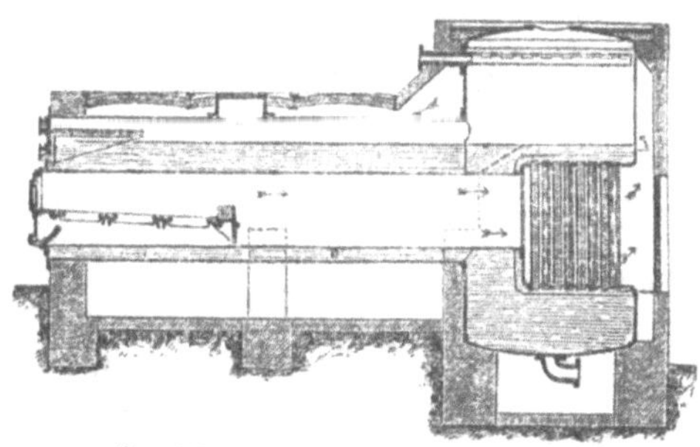

Combination mit Cornwallkessel.

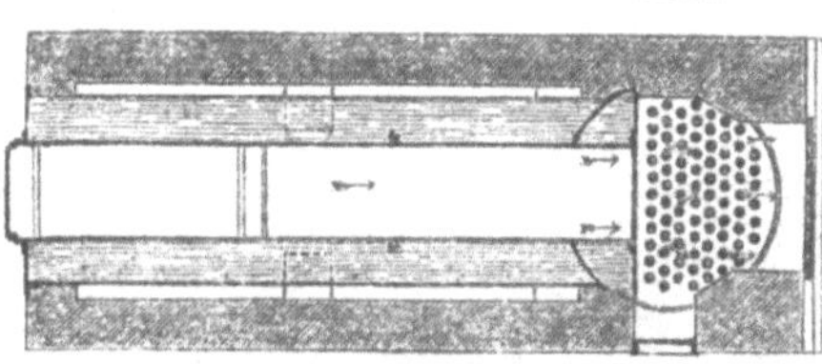

Fig. 29.

durch den letzten Zug III unter dem Kessel fort nach dem Kamin. In den Zügen II und III hat man also äußere Heizfläche, wie beim einfachen Walzenkessel. Wenn man die Zweiflammrohrkessel so einmauert, wie Fig. 32 zeigt, so steigen die Heizgase über den Kesseldampfraum in den Fuchs f in den Kamin.

In Fig. 32 sind die beiden Flammrohre mit kurzen konischen Siederöhren, welche eine Länge gleich dem

JOS. PRÉGARDIEN. DAMPFKESSEL-FABRIK. KÖLN-DEUTZ.

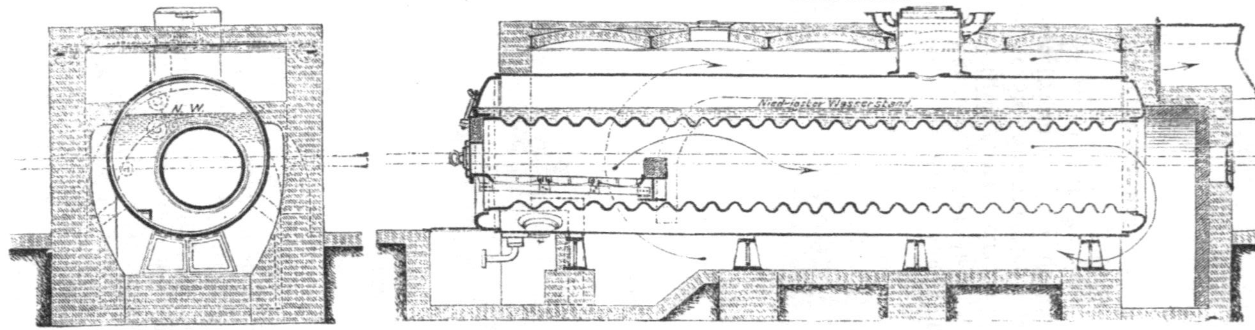

Fig. 30.

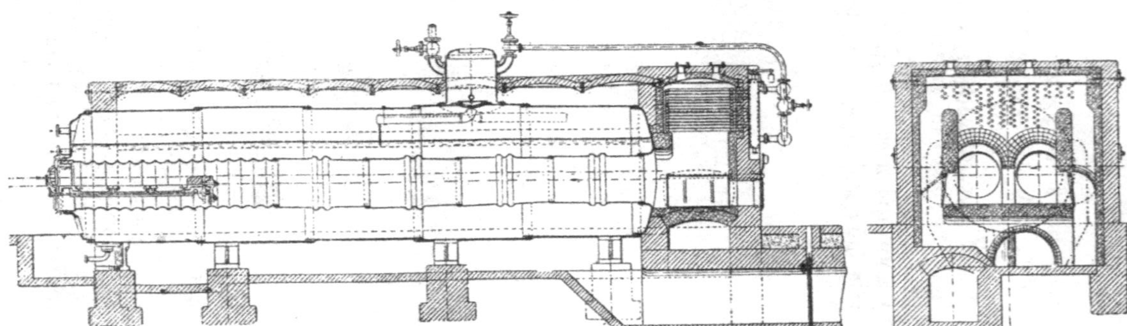

Fig. 31 Zweiflammrohrkessel mit Piedboeuf-Überhitzer.

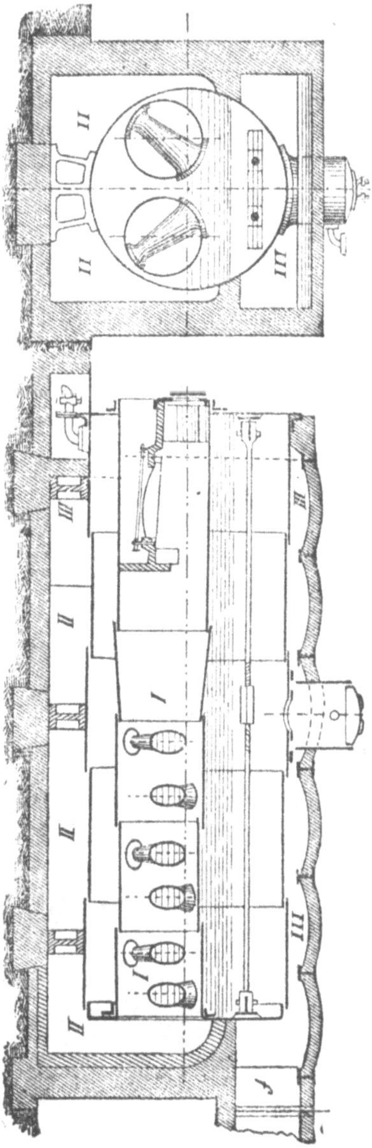

Fig. 32

Durchmesser der Flammrohre haben, und Quersieder genannt werden, versehen. Der mittlere Durchmesser dieser Quersieder ist in der Regel 200 mm. Solche Kessel heißen nach ihrem Erfinder Gallowaykessel und sind noch sehr beliebt. Die Quersieder ermöglichen nämlich eine vorteilhafte Zirkulation des Wassers, was in den gewöhnlichen Zweiflammrohrkesseln nicht der Fall ist. Bei diesen bleibt das Wasser unten im Kessel viel kälter und trägt deshalb zur Dampfbildung wenig bei.

Der einfachste Heizröhrenkessel entsteht ebenso wie der einfache Einflammrohrkessel aus dem einfachen Walzenkessel, indem in letzteren Heizröhren eingebaut werden. Zu der Heizfläche des einfachen Walzenkessels kommt hier noch die innere Heizfläche der

der Heizröhren hinzu. Im übrigen ist der einfache liegende Heizröhrenkessel ebenso eingemauert und aufgestellt wie der einfache Walzenkessel und ist noch heut beliebt an solchen Stellen, wo die Holzfeuerung aus praktischen Gründen Anwendung findet, wie z. B. in allen Säge-

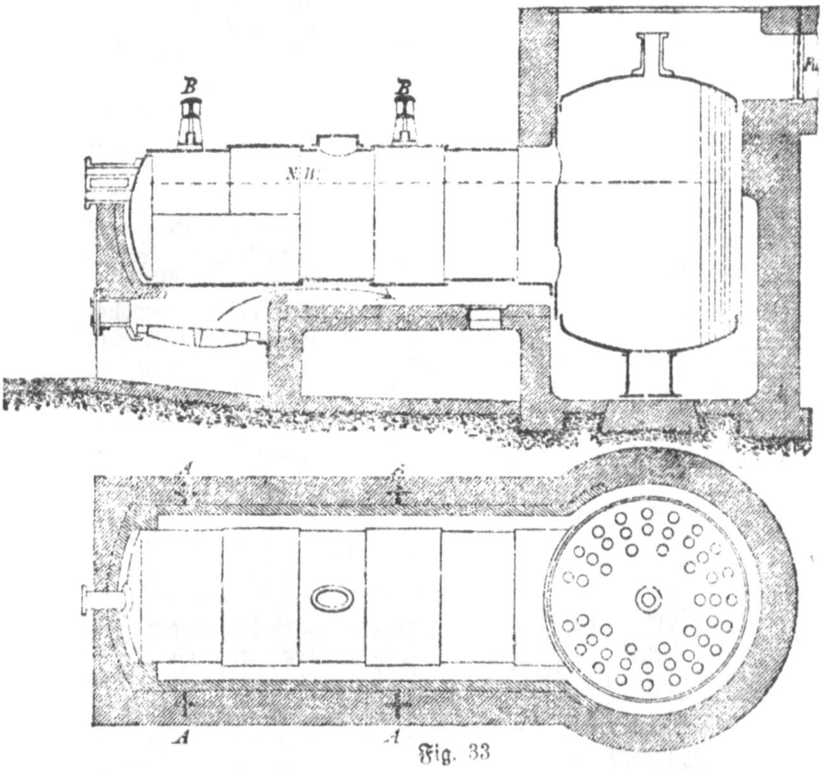

Fig. 33

mühlen wo Sägemehl massenhaft verheizt werden muß.

In Figur 33 ist der Dupuis-Heizröhrenkessel, dargestellt. Die Heizfläche desselben besteht aus der Heizfläche des einfachen liegenden Walzenkessels, der äußeren Oberfläche des vertikalen Röhrenkessels, und hauptsäch-

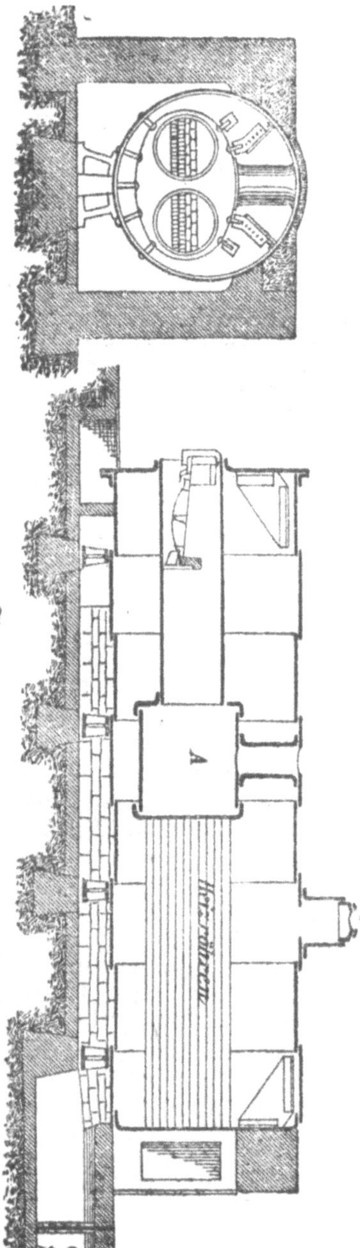

Fig. 34

lich aus der inneren Heizfläche der Heizröhren, soweit dieselben bis zum Wasserstande geheizt werden, also bis zur Linie NW. Der Berechnung legt man den niedrigsten Wasserstand zugrunde, obgleich der Wasserstand und also auch die wasserberührte Heizfläche mit dem Wasserstande etwas schwankt, d. h. größer oder kleiner wird.

Zu bemerken ist beim Dupuiskessel, daß die Heizröhren so im Vertikalkessel verteilt stehen, daß eine gründliche Reinigung derselben von Kesselstein möglich wird, wie aus der Figur ersichtlich ist. Außerdem wird der horizontale Walzenkessel nicht mehr wie früher auf das Mauerwerk durch außen angenietete Lappen gestützt, sondern er wird auf gußeiserne Träger A und Querträger B derart gelagert, daß er mittels Gelenkbolzen an den Querträgern B hängt und diese stützen sich zu beiden Seiten auf senkrechte T-Träger. Eine besondere Art von Kesseln, welche vielfach auch heute noch verwandt werden, ist entstanden durch seine Zusammenstellung von Flammrohrkesseln und einfachen Heizrohrkesseln. Um beides zu vereinigen, ist die sogenannte Feuerbüchse notwendig, und weil die Lokomotivkessel ähnlich konstruiert sind, nennt man diese Zusammenstellung mit Hilfe der Feuerbüchse auch Lokomotivkessel, d. h. Heiz- und Flammrohrkessel mit Feuerbüchse. Die Heizung dieser Kessel ist eine innere und liegt in den Flammröhren, deren gewöhnlich zwei vorhanden sind. Wenn auch einige wenige solcher Kessel ohne alle Einmauerung aufgestellt werden, die meisten werden eingemauert in der Weise, wie Fig. 34 zeigt. Indem die Heizgase aus den Flammröhren welche den Feuerrost enthalten, in die Feuerbüchse A eintreten, sich hier sammeln, ziehen sie durch die Heizröhren nach hinten, durchströmen den ersten Unterzug, heizen also den äußeren Kesselmantel an einer Seite, und ziehen dann durch den zweiten Unterzug, welcher vom ersten durch eine gemauerte Zunge getrennt ist, wieder nach hinten in den Fuchs. Manche solcher Kessel sind auch eingemauert wie der Gallowaykessel in Fig. 32, also mit Oberzug über dem Dampfraum.

Eine besondere Zusammenstellung eines einfachen Heizröhrenkessels mit einem Zweiflammrohrkessel ist der sogenannte

Doppelkessel.

Der einfache Heizröhrenkessel ist mittels eines oder zweier Stutzen mit dem Zweiflammenrohrkessel verbunden. Der Doppelkessel ist in Figur 35 und 36 dargestellt. Derselbe hat keine Feuerbüchse, wohl aber eine eingemauerte Heizkammer H, in welcher sich die Heizgase, welche aus den beiden Flammröhren herauskommen, sammeln, um dann durch die Heizröhren des oberen Heizröhrenkessels nach vorn zu ziehen. Von hier aus ziehen die Heizgase, indem sie die Mantelfläche des oberen Heizröhrenkessels sowohl, wie die Mantelfläche des unteren Zweiflammrohrkessels umspülen, nach unten in den Fuchs f. Der gemauerte Bogen a und das Mauerwerk b zwischen Ober- und Unterkessel darf bei diesen Einmauerungen niemals fehlen, wie man es wohl findet, wenn der Maurer kein Verständnis von der Reihenfolge der Züge hat.

Es ist nicht ratsam, diese Art Kessel ohne einen Dampftrockner dd aufzustellen, da der Dampfraum bei diesen Kesseln nur klein ist und deshalb der Kessel nassen Dampf liefern muß. Im übrigen sind sie keine schlechten Dampflieferanten.

Der Lokomotivkessel ist neuerdings noch dadurch verbessert worden, daß die Feuerbüchse mit Quersiedern (Gallowayröhren) versehen wird, wie Figur 37 zeigt. Der Kessel ist dann so eingemauert, wie aus der Figur zu ersehen, daß die Heizgase, aus den Heizröhren kommend, zuerst den Zug I unter dem Kessel passieren, um dann durch die beiden Züge II II in den Kamin zu entweichen. Ausgenommen die Feuerbüchse, ist dieser Kessel im allgemeinen zusammengesetzt wie der Lokomotivkessel Figur 34. Diese Konstruktion, welche von der Firma Firma Jacques Piedboeuf in Aachen herrührt, ist aus dem Grunde besonders bemerkenswert, weil hier durch eine sinnreiche Anordnung des bekannten Essenschen Dampfrohrreinigers EE in Verbindung mit einer Klappe, die an der mit aa bezeichneten Stelle angebracht ist und von außen geöffnet wird, die Asche aus den Heizröhren und der Feuerbüchse jederzeit in einem von außen zugänglichen Aschenloch gesammelt und entfernt werden kann. Man kann infolgedessen die Züge I und II besser reinhalten und die Heizungsfläche leistungsfähiger machen.

Durch die Gallowayröhren wird in diesem Kessel die Zirkulation des Wassers vom unteren nach dem oberen Raum vergrößert und die Verdampfung verstärkt.

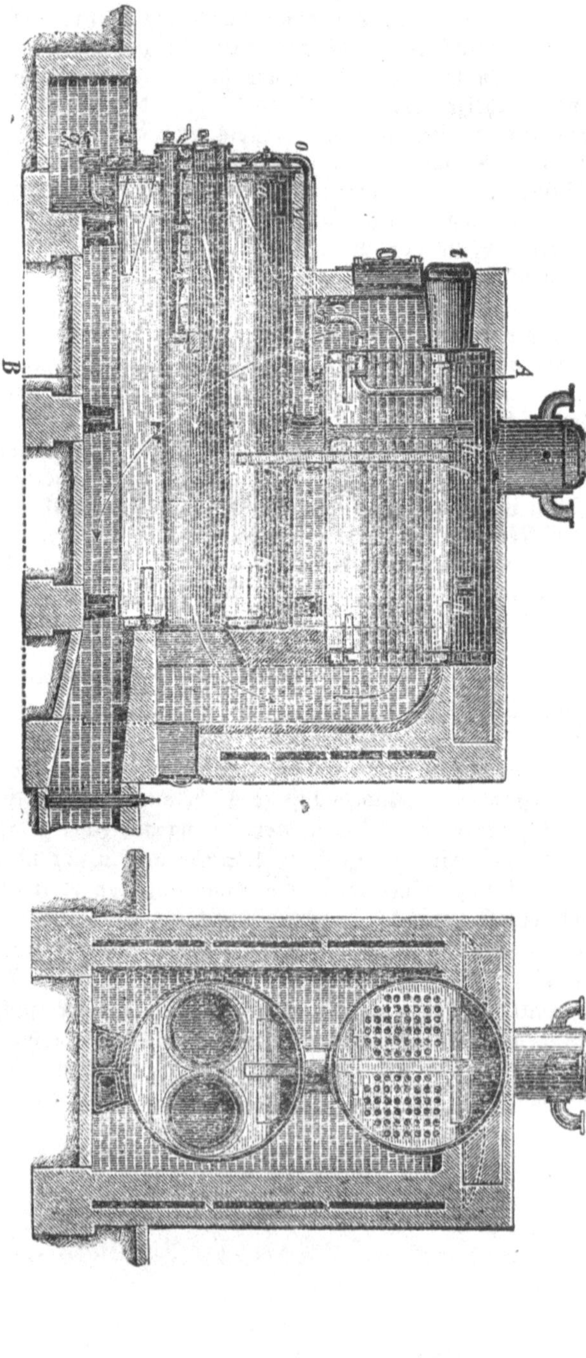

Fig. 35.

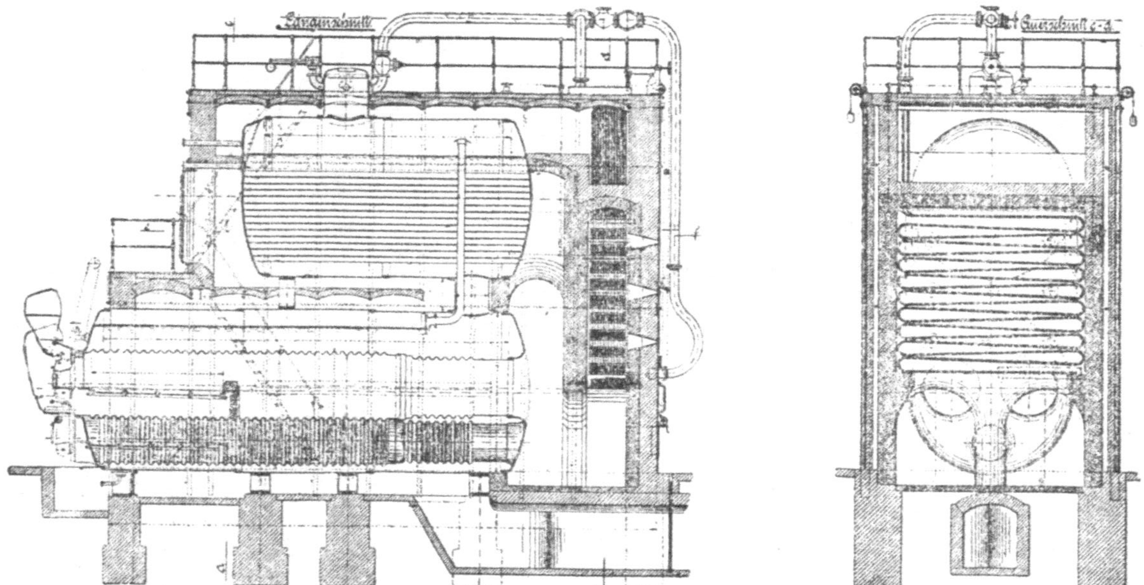

Kombinierter Cornwall-Röhrenkessel mit Piedboeuf-Überhitzer.
Fig. 36

Die folgenden Abbildungen Fig. 38 u. 38a zeigen einen neuerdings vielfach angewandten Zweiflammrohrkessel mit der bekannten Tenbrinkfeuerung.

Dieselbe hat ihren Namen von dem Erfinder. Es wird bei ihr das Brennmaterial in großer Menge eingeführt, jedoch kommt dasselbe nur in dem Maße zur Verwendung, wie es auf dem Roste verbraucht wird. Eine richtige Luftzufuhr ist bei dieser Feuerung unbedingt erforderlich, aber auch möglich, und in letzterem ist der Grund für den großen Nutzeffekt zu suchen, welchen diese Feuerung bietet. Da das Brennmaterial, welches auf einer schiefen Ebene aufgeschichtet ist, allmählich nachsinken muß, so ist stark backende Kohle ausgeschlossen. Eine neuere Einrichtung eines Kessels mit Tenbrinkfeuerung zeigt Figur 38.

Ein Kesselsystem, welches in letzter Zeit häufig Anwendung findet, ist der sogenannte Zirkulations-Wasserrohrkessel oder engröhriger Siederohrkessel mit Wasserkammern. Die älteste Bauart dieser Kessel ist wohl der Mak-Nicolkessel, der wiederum in verschiedenen Formen hergestellt und benutzt wird. Eine der gebräuchlichsten Bauarten ist in Figur 39 wiedergegeben. Die engen Siederöhren sind zwischen zwei Wasserkammern eingefügt. Das Wasser zirkuliert durch die Siederöhren und die vordere Wasserkammer nach oben und strömt durch die hintere Kammer zurück. Hiervon heißen diese Kessel auch Dampfkessel mit Wasserumlauf. In Deutschland wurden diese Kessel zuerst von der Firma Petry-Dereur in Düren gebaut. Von diesen rührt die in der Fig. 39 dargestellte Konstruktion.

Andere Formen dieser Kesselart, welche von Walther in Kalk und Petry-Dereur in Düren gebaut werden, sind in Fig. 40 dargestellt. Die engen Siederöhren sind in nach hinten geneigter Lage reihenweise in die schmiedeeisernen Wasserkammern eingelassen und so angeordnet, daß die Röhren einer oberen Reihe jedesmal über den Zwischenräumen der zunächst darunterliegenden Reihe sich befinden. Die Rohre sind in die Wasserkammern einge-

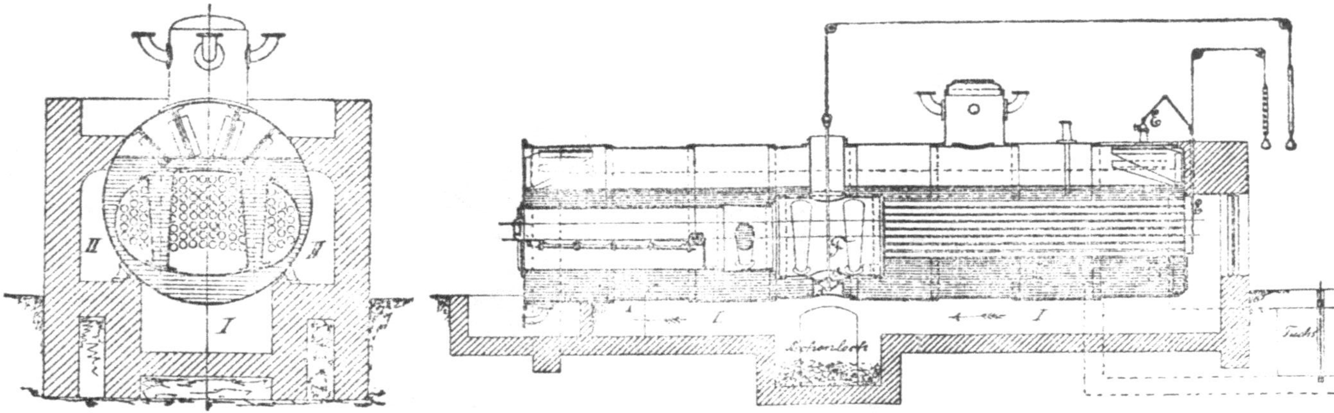

Fig. 37

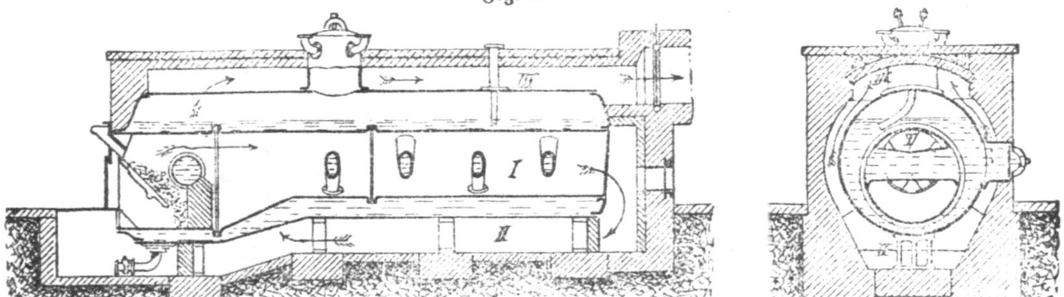

Fig. 38

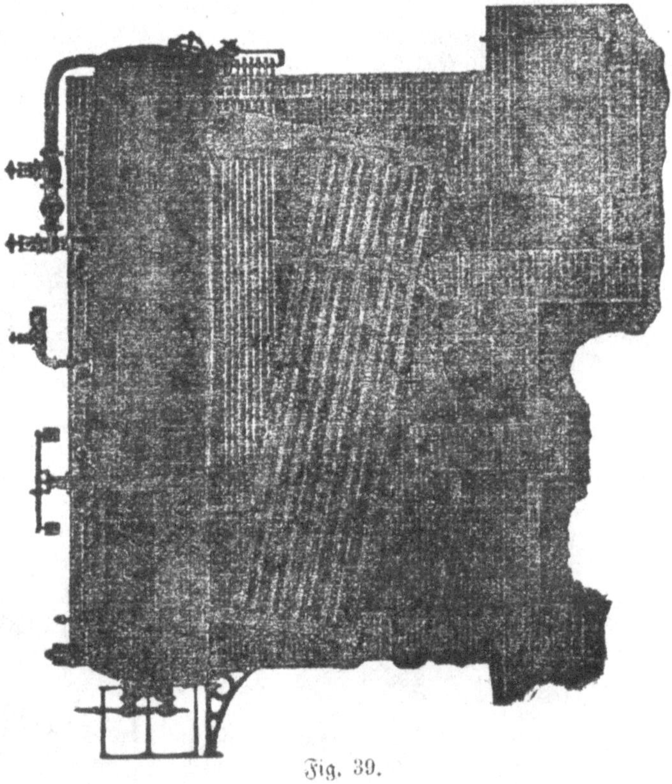

Fig. 39.

rollt, die Kammern selbst durch Stehbolzen verankert. Jedem Rohr gegenüber liegt ein konisch gedrehter, leicht abnehmbarer Verschlußdeckel, der ohne jedes weitere Dichtungsmaterial die Reinigungsöffnung abschließt. Ueber dem Rohrsystem liegen je nach der Größe der Kesselanlage ein oder zwei Oberkessel, deren Durchmesser und Länge nach den Anforderungen des Betriebes ge-

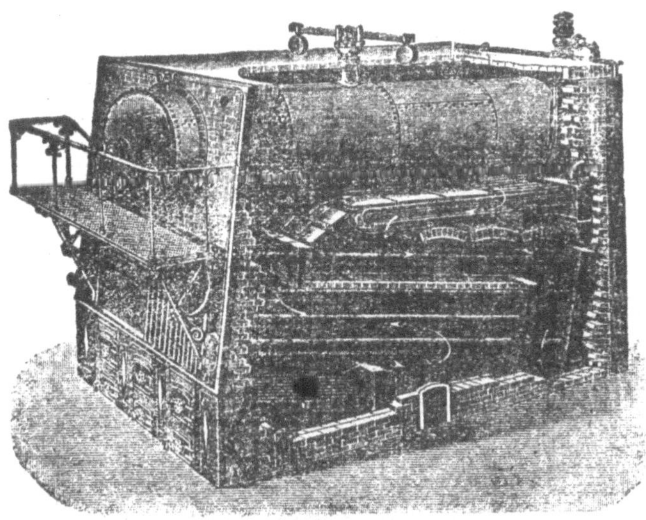

Fig. 40

wählt werden können. Es empfiehlt sich, die Rohre der Wasserrohrkessel möglichst frei von ablagerndem Ruß zu halten. Ein Dampfstrahl, welcher durch einen Gummischlauch mit Stahlrohr über die Röhren geführt wird, bewirkt dies ohne Mühe.

Zu den vorgeschriebenen Kesseln gehört auch der in Figur 41 dargestellte Steinmüllerkessel. Es ist dies ein Zweikammerkessel. Die Sioderöhren werden je nach der Größe der Heizfläche, welche zwischen 10 bis 360 qm betragen kann, vorn und hinten in schmiedeeiserne geschweißte Wasserkammern metallisch ein-

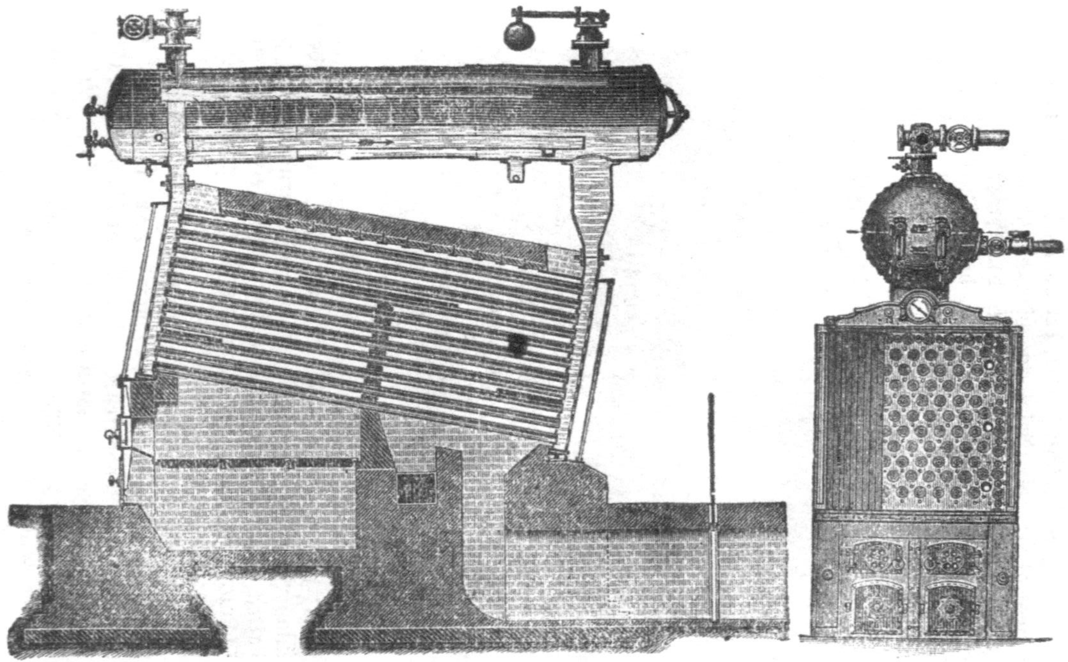

Fig. 41.

gedichtet und letztere durch weite Stutzen mit einem oder, wenn erforderlich, auch mit zwei Oberkesseln verbunden. Der Wasserumlauf erfolgt teilweise durch ein Rohr oder einen Kasten im Wasserraum, teilweise durch einen Kasten im Dampfraum. In letzterem wird die Trennung des Dampfes vom Wasser bewirkt und trockner Dampf geschaffen, ohne daß dabei der Wasserinhalt des Oberkessels von dem umlaufenden Strom aufgewühlt wird. Die Schlammansammlungen im Oberkessel, der außerhalb des Bereiches der Heizgase liegt, können sich somit ruhig ablagern.

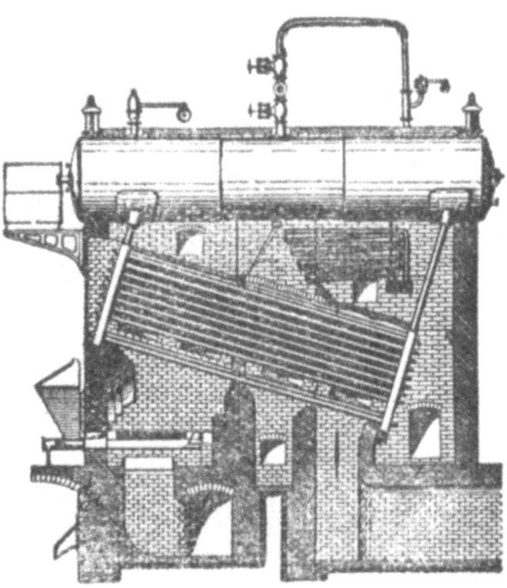

Fig. 42

Die Reinigung von Ruß und Flugasche kann jederzeit während des Betriebes von der Vorder- und Hinterseite des Kessels besorgt werden, und zwar nicht nur durch einen kräftigen Dampfstrahl, sondern auch durch Hin- und Herschieben einer besonderen, hierzu dienenden Vorrichtung.

Der in Fig. 42 dargestellte Kessel besitzt je nach der Größe einen bis zwei Oberkessel. Der Unterkessel ist elementartig aus einer Anzahl gerader, nahtlos gezogener Vierkantrohre mit eingewalzten Siederohren zusammengesetzt. Die bei der Fabrikation auf 50 Atm. geprüften nahtlos gezogenen Vierkantrohre bilden die Wasserkammern. Die einzelnen Kammern sind mit Sicherheits-Innenverschlüssen versehen, die durch den Dampfdruck auf ihre Sitze gedrückt werden, und nicht herausfliegen können. Ein Schlammsammler unter der hinteren Einzelkammer ermöglicht das Entfernen von angesammeltem Schlamm während des Betriebes. Die bewährte eigenartige Anordnung der eFuerzüge verhindert die Ablagerung von Flugasche auf den Heizflächen, und bewirkt eine innige Berührung der Heizgase mit den Heizflächen. Außerdem können Flugaschenablagerungen während des Betriebes leicht und schnell entfernt werden. Der Kessel ist an einem kräftigen eisernen Gestell, unabhängig vom Mauerwerk, aufgehängt, wodurch alle Teile, ihrer Erwärmung entsprechend, sich nach allen Rich-

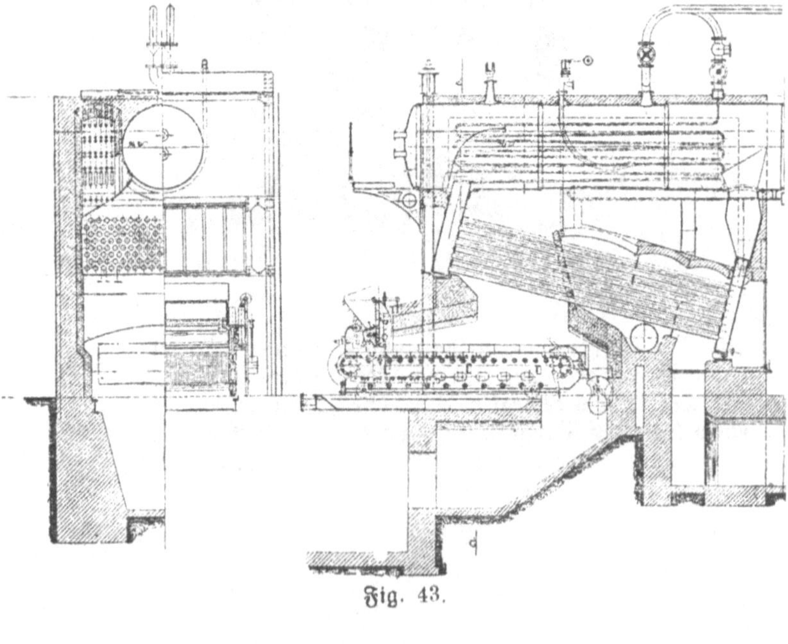

Fig. 43.

tungen frei ausdehnen können. Ueberhitzer können leicht eingeschaltet werden. Die beschriebene Konstruktion gehört den Guilleaume-Werken.

Fig. 43 zeigt einen ähnlich konstruierten Siederohrkessel mit seitlich eingebautem Ueberhitzer, und mit einem mechanisch betriebenen Wanderrost versehen (System Piedboeuf), der zu überhitzende Dampf wird in den Ueberhitzerröhren (Schlangen) entweder einmal oder aber mehrere Male durch den Heizraum geführt und so gezwungen sich innig zu mischen, wodurch eine möglichst gleichmäßige Ueberhitzung erreicht wird.

Steilrohrkessel.

Während bisher die sogenannten Steilrohrkessel hauptsächlich in der Marine auf Torpedobooten usw. benutzt wurden, hat sich in letzter Zeit ein solcher Kessel auch zum Betriebe von Dampfturbinen durchgesetzt. Es ist dies ein in der Dampfkesselfabrik von Pierboeuf hergestellter Steilrohrkessel, Patent Burkhardt. Aus der beistehenden Fig. 43 c die den Kessel im Längsschnitt zeigt, geht zunächst hervor, daß die Siederohre sich kreuzen, im übrigen in der üblichen Weise mit den Ober- und Unterkesseln verbunden sind. Die Rohre sind nur wenig gekrümmt, und die Reinigung derselben nicht so schwierig, wie bei anderen Systemen von Steilrohrkesseln. Die kalten Fallrohre, die sich wenig an der Dampfbildung beteiligen sollen, sind möglichst weit von den mittleren Siederöhren, in denen hauptsächlich der Dampf entwickelt wird, entfernt. Der Wasserumlauf ist dadurch weniger gehemmt. Der Kessel ist mit Überhitzer und zugleich mit Vorwärmer versehen, so daß beide zusammen mit dem Kessel ein Ganzes bilden. Der Kessel besteht aus je 2 Ober- und Unterkesseln mit den dazwischen befindlichen gekreuzten Siederohren (Steigerohren) und den nach außen gelegten stark gekrümmten Fallröhren. Das vorgewärmte Wasser tritt in die Unteressel ein, steigt dann in dem Siederohrbündel in die Höhe, um

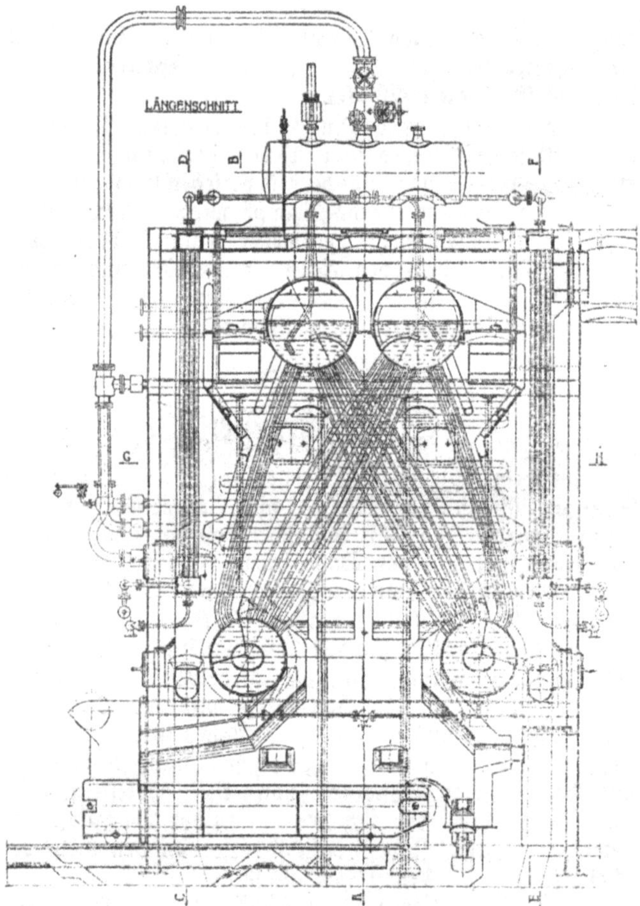

Fig. 43 c

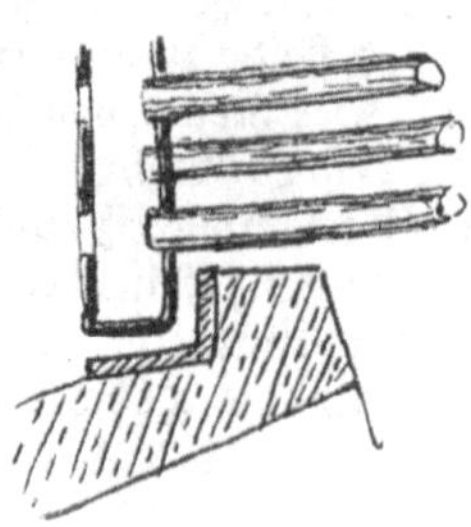

Fig. 43 a

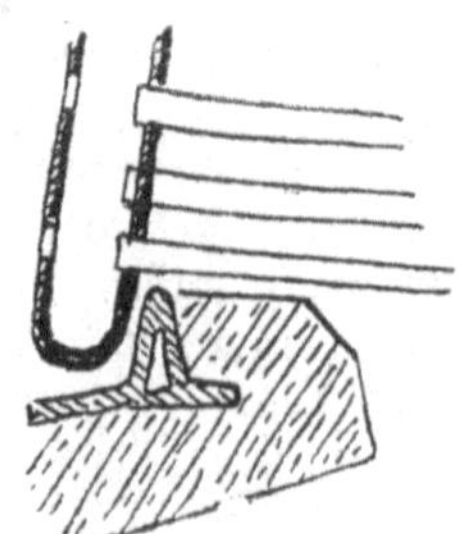

Fig. 43 b

durch die seitlich angeordneten Fallröhren wiederholt in die Unterkessel zu fallen. Der Überhitzer ist so angeordnet, daß er einen Teil der Heizgase direkt empfängt, die sich später an den Vorwärmern wieder mit dem Hauptteil der Heizgase vereinigen und zum Fuchs ziehen. Die Temperatur des überhitzten Dampfes kann deshalb auf jeder beliebigen Höhe gehalten werden. Alle diese Wasserrohrkessel sind mit geschweißten Wasserkammern versehen, und hat es sich als dringend notwendig erwiesen, diese vor jeder Überhitzung zu schützen, weil es schon häufig vorgekommen ist, daß die Schweißnähte gerissen sind, und Explosionen hervorgerufen haben, wobei leider auch Menschen verunglückt oder verbrüht sind (z. B. auf einer Kohlengrube bei Egelshofen in Holland). Die Sicherung der vorderen Wasserkammern geschieht nun durch gut untergebaute gußeiserne Winkel oder Hohlträger wie folgende Skizzen zeigen. Fig 43 a u. Fig. 43 b.

In der Piedboeuf'schen Dampfkesselfabrik werden die Wasserkammern neuerdings aus einem Stück gebogen, haben also keine Schweißnaht über dem Feuer. Die hinteren Wasserkammern sind auf einem sogenannten Pendellager aufgebaut, so daß sich der ganze Kessel ohne Zwang ausdehnen kann, ein Vorteil, der besonders hervorgehoben zu werden verdient

Die Armatur der Dampfkessel.

§ 19. Zur Ausrüstung der Armatur eines Kessels rechnet man erstens alle diejenigen Apparate, die man während des Betriebes zur Bedienung eines Kessels notwendig hat, und zweitens solche Vorrichtungen, welche speziell bei der Außerbetriebsetzung und Reinigung der Kesselanlage zu benutzen sind. Zum Teil sind dieselben gesetzlich vorgeschrieben.

Während des Betriebes sind folgende Armaturteile notwendig:

1. Sicherheitsapparate: Wasserstandsapparat, Manometer, Sicherheitsventil, außerdem andere Sicherheitsvorrichtungen, wie beispielsweise der Schwarz-

ropffsche Apparat, der „Warner" von Dreyer, Rosenkranz und Droop, die Blackſche Pfeife u. a.

2. Speiseapparate: Speiseventile oder Rückschlagsventile.

3. Absperrvorrichtungen: Dampfventile und -hähne.

4. Abblase- oder Ablaßventile oder -hähne.

Speziell für die Reinigung des Kessels sind folgende Armaturteile notwendig: Mannlöcher, bezw. Mannlochdeckel und Schlammlöcher, bezw. Schlammlochdeckel und Abblaseventile.

Als Garniturteile einer Dampfkesselanlage bezeichnet man in der Regel diejenigen Geräte, welche zur ordnungsmäßigen Bedienung und Instandhaltung der Feuerungsanlage und des Kesselinnern notwendig sind, wie z. B. den Feuerrahmen, die Feuertüren, die Roststäbe und Rostbalken, den Ueberschlag oder die Feuerbrücke, den Rauchschieber, die verschiedenen Reinigungstüren zu den Feuerzügen, die Kohlenschippe, den Feuerhaken, Pocker usw.

Der Wasserstandsapparat.

§ 20. Dieser besteht in der Regel aus einem gußeisernen Wasserstandskörper, der entweder direkt am vorderen Boden des Kessels oder an dem sogen. Wasserstandsstutzen befestigt (angeschraubt) ist. An diesem gußeisernen Gehäuse, das mit dem Kesselinnern, also sowohl mit dem Wasserraum als auch mit dem Dampfraum durch zwei Röhren von je 60 qcm lichtem Querschnitt verbunden ist, sind die Wasserstandsgläser befestigt, die oben und unten durch metallene Röhren gehalten werden, in welchen Hähne angebracht sind, so daß die Verbindung mit dem Kesselinnern hergestellt, und, falls ein Glas springt, auch abgestellt werden kann (Fig. 44). Wasserstandshähne mit Verschlüssen, die sich beim Springen eines Glases von selbst schließen, sind vielfach in Gebrauch. Zu dem Zwecke bringt man in jedem Hahnkopfe eine Kugel an, welche beim Springen eines Glases durch den nun blos von der

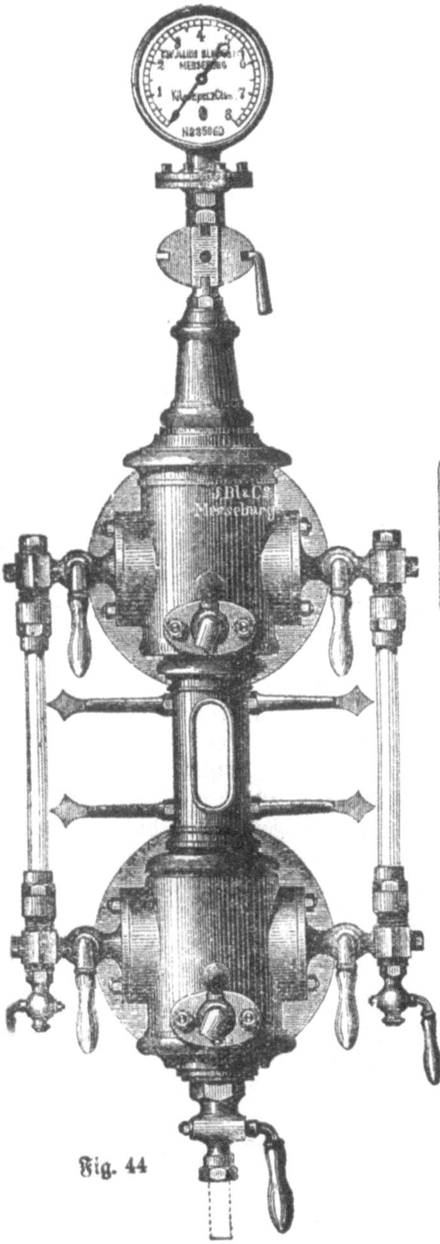

Fig. 44

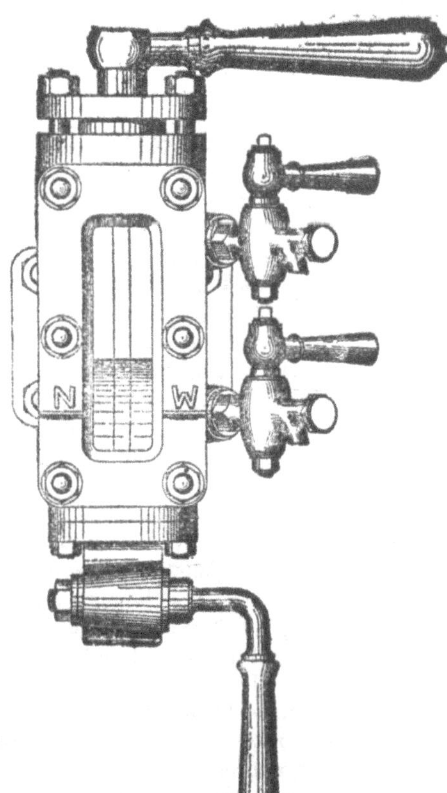

Fig. 45

Kesselseite wirkenden Dampfdruck gegen die Ausflußöffnung gepreßt wird und diese verschließt. Eine andere Vorrichtung dieser Art fußt auf dem Prinzip der Rooverschen Patenthähne. Diese Hähne haben weder Konus noch Ventil, sondern besitzen eine Stopfbüchsendichtung, welche über den Durchgangsöffnungen eines hohlen Zylinderkolbens gleitet und dieselben jeweilig öffnet und verschließt. Beim Zerbrechen eines Wasserstandsglases treibt der vom Kessel wirkende Druck die Stopfbüchse vorwärts und verschließt dadurch die Ausflußöffnungen. Diese Hähne verdienen vor allen übrigen Aufmerksamkeit, weil sie unzerstörbar sind und niemals ein Nachschleifen erfordern. Zum Dichten genügt ein einfaches Anziehen der Stopfbüchse. Der niedrigste Wasserstand, welcher mindestens 100 mm, nach den neuesten gesetzlichen Vorschriften je nach der Größe der Kessel bis zu 150 mm über der höchsten Kante der Feuerzeuge liegen muß, ist an dem Wasserstandsapparat durch einen Metallanzeiger angegeben (niedrigster Wasserstandszeiger). Die Wasserstandsapparate geben nur dann den richtigen Wasserstand an, wenn sie in gutem Zustande gehalten werden. Dazu ist nötig, daß die Hähne nicht mit Kesselstein und Schmutz verstopft sind, und daß sie nicht im geringsten blasen, also undicht sind. Namentlich das letztere kann zu argen und folgenschweren Täuschungen führen. Bläst der obere Wasserstandshahn auch nur ganz wenig, so entsteht im Glase über dem Wasser eine Druckverminderung, und die Folge ist, daß der von unten kommende größere Druck die Wassersäule im Glase hebt, also einen höheren Standpunkt zeigt als wirklich vorhanden ist. Man schützt sich hiergegen wohl durch Anbringen von mehr als einem Wasserstandsapparat am Kessel. In anderer Weise sucht der Ochwadtsche Wasserstandsanzeiger dieser Gefahr zu begegnen. Derselbe ist in der Vorderansicht in Fig. 45 dargestellt. Der Grundgedanke des Apparates ist, unter Vermeidung der getrennten Wasser- und Dampfzuführung statt des engen Glasrohres eine verhältnismäßig weite Kammer anzubringen, die an der Vorderseite mit einer Platte von Hartglas verschlossen ist. Das Kesselwasser tritt bis an die Glasplatte heran, und der Wasserstand ist unmittelbar wahrnehmbar.

Bei dieser Gelegenheit wird auf einen Erlaß des Herrn Ministers für Handel und Gewerbe aufmerksam gemacht, welcher die Konstruktion der Wasserstandsapparate betrifft und folgenden Wortlaut hat:

Berlin, den 20. Februar 1899.

Durch einen sogenannten scheinbaren Wasserstand in den Wasserstandsgläsern von Dampfkesseln sind nach zwei mir erstatteten Berichten verhängnisvolle Täuschungen über den Wasserinhalt von Kesseln, die fast wasserleer waren, entstanden.

Hierdurch sind im Oktober v. J. zwei Dampfkesselexplosionen herbeigeführt worden, die nicht unerheblichen Materialschaden und auch teils schwerere, teils leichtere Verletzungen mehrerer Personen zur Folge hatten.

Der scheinbare Wasserstand, der die Kesselwärter verleitet hatte, einen genügenden Wasserstand in den Kesseln noch anzunehmen, als bereits längst Wassermangel vorlag, war durch fehlerhaftes Einsetzen und Dichten der Wasserstandsgläser sowie durch mangelhafte Bauart der Wasserstandsvorrichtungen veranlaßt.

Ein gut angeordneter Wasserstand, wie er hierneben skizziert ist, muß folgenden Anforderungen genügen; siehe Figur 46.

Das Glas a muß sich im unteren Wasserstandskopfe auf den vorspringenden Rand b-b innerhalb einer zentrischen Aussenkung b_1 aufsetzen. Im oberen Wasserstandskopf muß das Glas eine hinreichend lange Führung c finden und etwas in den Hohlraum d hineinreichen. Die erweiterten Hohlräume d und d_1 sind zur Verhütung des leichten Versetzens der Verbindungen mit dem Kesselinnern zweckmäßig. Das Glas muß möglichst dicht in die Bohrung des Hahnkopfes bei c passen. Die Bohrungen der Hähne I-III müssen schlitzartig verlängert werden, damit sich die Durch-

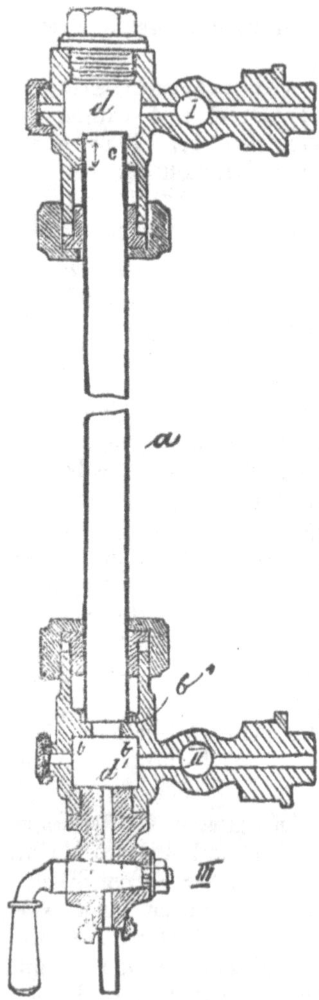

Fig 46

gangsöffnungen beim Nachschleifen der Hähne nicht verengen.

Beim Einsetzen eines Glases muß dasselbe mit einer Hand fest auf b-b gestoßen werden, so lange, bis die Ueberwurfmutter des unteren Hahnkopfes fest angezogen ist. Erst dann darf die Ueberwurfmutter oben angezogen werden, wobei das Glas stets nach unten zu drücken ist, damit es unten vom Sitz b nicht abgehoben werden und der Dichtungsgummi unten nicht durchquellen kann.

Bei den Wasserständen der explodierten Kessel fehlte zunächst der Rand b, so daß das Glas bis unten durchgestoßen werden werden konnte und das Wasser in dem Glase nur langsam oder gar nicht der Bewegung des Wassers im Kessel folgte. In dem einen Falle war das Glas zwar nicht bis unten durchgesetzt, hier konnte sich aber, weil das Glas in der Führung Spielrau hatte, der Gummi von unten in das Glas hineinziehen. Im anderen Falle konnte außerdem der Gummi oben in das Glas eindringen, weil hier die Kammer d fehlte, damit die Führung c wegfiel und der Gummi zwischen Wandlung und Glas über letzteres gedrückt wurde.

Sie wollen die Gewerbe-Aufsichtsbeamten unter Mitteilung des Vorstehenden anweisen, bei der Abnahme und den Untersuchungen von Dampfkesseln den Wasserstandsvorrichtungen besondere Aufmerksamkeit zu widmen und fehlerhafte zu beanstanden, auch die Kesselwärter über das Vorkommen und die Ursachen der scheinbaren Wasserstände aufzuklären. Ferner wollen Sie auch den Dampfkesselarmaturen-Fabriken Ihres Bezirks in geeignet erscheinender Weise von diesem Erlasse Kenntnis geben.

Für die Gewerbe-Inspektionen und die etwaigen Nebenstellen sowie zu sonst geeignet erscheinendem Gebrauche sind Abdrücke des Erlasses beigefügt.

In Vertretung:
gez. Lohmann.

An die Herren Regierungs-Präsidenten
und den Herrn Polizei-Präsidenten

hier.

Vielfach findet man heute Wasserstandsgläser mit einer Neuerung, die nur als Verbesserung anzusehen ist. Diese Gläser tragen an der dem Kessel zugewandten Seite einen farbigen Streifen. Infolge der Brechung des Lichtes im Wasser erscheint eine solche Röhre, soweit sie mit Wasser gefüllt ist, ganz farbig, während oberhalb der farbige Streifen kaum sichtbar ist. Es ist dadurch dem Heizer sehr leicht gemacht, namentlich aus größerer Entfernung den Wasserstand zu sehen. Auch hat man wohl Schwimmer in das Wasserstandsglas gebracht, begegnet dabei aber leicht dem Uebelstand, daß diese, wenn das Glas nicht mehr ganz rein ist, sich festklemmen und nicht mehr spielen.

Beim Einsetzen der Wasserstandsgläser soll man nach Möglichkeit verhüten, daß das obere Ende des Glases unnötig weit in den Hahnkopf, und zwar über die Verpackung hineinragt. Es sammelt sich alsdann Wasser in dem Hahnkopf an, und dieses greift bei seiner hoben Temperatur das Glas an. Dieses Wasser hat nämlich, da es stets mit dem heißen Dampf in Berührung ist, eine hohe Temperatur des Dampfes und bei dieser vermag es Glas verhältnismäßig schnell aufzulösen.

Namentlich wenn dem Speisewasser Soda zugesetzt wird, werden die Wasserstandsgläser im oberen Hahnkopf rasch angefressen.

Zur Erkennung des Wasserstandes im Kessel dienen außerdem die Probierhähne, in der Regel zwei, von denen der unterste in der Linie des niedrigsten Wasserstandes, entweder direkt am Kessel oder am Wasserstandskörper,

Fig. 47

befestigt ist. Der obere Probierhahn steht mit dem Dampfraum in Verbindung. Die Probierhähne müssen in gerader Richtung durchgestoßen werden können, um jederzeit ihre Verstopfung verhindern zu können. Einen bekannten Probierhahn oder ein Probierventil zeigt die Fig. 47 Ventile dieser Art haben namentlich den Vorteil, daß sie leichter dicht gehalten werden können.

Das Sicherheitsventil.

§ 21. Das Sicherheitsventil soll Dampf in dem Augenblick entweichen lassen, in welchem die höchste zulässige Dampfspannung im Kessel überschritten wird. Es ist in der Regel am Dom, also an der höchsten Stelle des Kessels befestigt. Man unterscheidet direkt belastete, mit Hebelbelastung oder mit Federbelastung versehene Sicherheitsventile. Am gebräuchlichsten sind die Sicherheitsventile mit Hebelbelastung. Die direkt belasteten Sicherheitsventile werden neuerdings nicht mehr angewandt, und diejenigen mit Federbelastung werden nur bei Lokomotiven und in einzelnen Fällen bei kleineren Lokomobilen benutzt. Die Fig. 48—49 zeigen Sicherheitsventile mit Hebelbelastung. Die Belastung soll auf der Hebelstange so befestigt sein, daß sie nicht verschoben werden kann. Außerdem müssen die

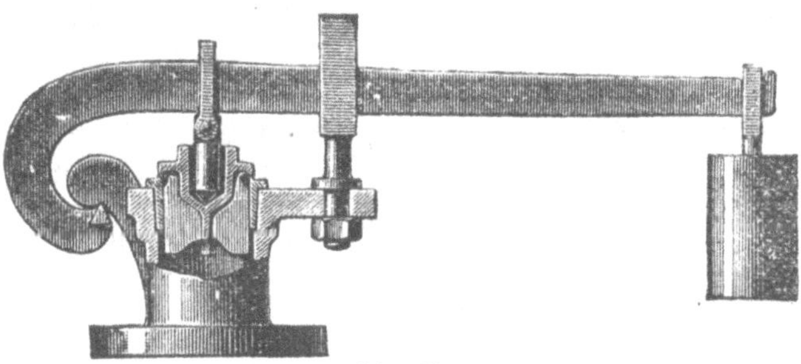

Fig. 48

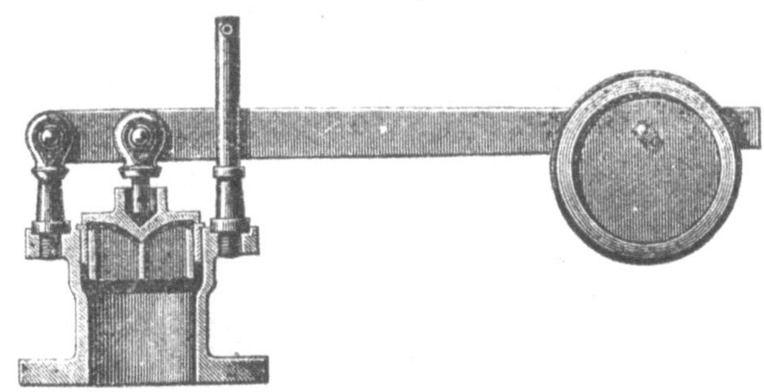

Fig. 49

Sicherheitsventile jederzeit gelüftet oder angehoben werden können, um den richtigen Gang derselben festzustellen. Damit das Sicherheitsventil während des Betriebes möglichst dicht bleibt, ist das Ventil so eingerichtet, daß es jederzeit zwischen den Führungsflächen gedreht werden kann, um etwaige Schmutzteile zwischen den Dichtungsflächen zu beseitigen oder damit ein Nachschleifen zu bewerkstelligen ist. Früher war die Oeffnung bezw. der Querschnitt der Sicherheitsventilöffnung gesetzlich bestimmt, und zwar mußte die freie Oeffnung einen bestimmten Teil der Heizfläche des Kessels betragen. Heute richtet sich die freie Oeffnung des Sicherheitsventils nach dem Dampfdruck, und ist desto kleiner, je größer der Dampfdruck ist, und umgekehrt, richtet sich aber auch nach der Größe der Heizfläche, so daß bei gleichem Dampfdruck die freie Oeffnung des Sicherheitsventils für einen Kessel von 10 qm Heizfläche z. B. nur den zehnten Teil derjenigen freien Oeffnung zu betragen braucht, welche für einen Kessel von 100 qm Heizfläche angewandt wird.

Diejenige Belastung, bei welcher das Sicherheitsventil sich öffnen soll, sobald die genehmigte, also höchste erlaubte Dampfspannung überschritten wird, wird jetzt durch eine Wasserdruckprobe bestimmt, weil die Berechnungen des Gewichtes infolge der Reibungswiderstände, der Flächenadhäsion usw. nicht genau stimmen können. Bei der Montierung der Sicherheitsventile ist hauptsächlich darauf zu achten, daß die Dichtungsflächen genau wagerecht liegen und daß das Belastungsgewicht lotrecht wirken kann, also frei aufgehängt ist.

Damit dem überflüssigen Dampf in gewissen Fällen der Austritt gestattet ist, z. B. wenn die Maschine plötzlich stillgesetzt wird, ist es vorteilhaft, das Sicherheitsventil von einer dem Heizer leicht zugänglichen Stelle jederzeit öffnen zu können.

Gegenwärtig werden die Dampfkessel mit neuen Arten von Sicherheitsventilen ausgerüstet, die ihrer Wichtigkeit halber eine eingehende Beschreibung verdienen, nämlich die Hochhubsicherheitsventile und die Selbstschlußventile, letztere auch Rohrbruchventile genannt. Betrachten wir zunächst die

Hochhubsicherheitsventile.

Man unterscheidet:

Hochhubsicherheitsventile mit allmählichem vollen Kegelhub (Fig. 50) und

solche mit Vorhub und allmählichem vollen Kegelhub.

Beide Arten sollen einen genauen Kegelhub haben, d. h. genau bei dem Dampfdruck wieder schließen, für den die Kessel genehmigt sind und für welchen die Ventile eingestellt sind.

Der volle Hub, also die ganze Oeffnung dieser Sicherheitsventile, kann deshalb auch erst erreicht werden, nachdem der genehmigte Druck etwa um eine halbe Atmosphäre überschritten ist.

Jedes Hochhubventil soll mit einem Dampfabführungsrohr ausgerüstet sein, so daß der abgeblasene Dampf

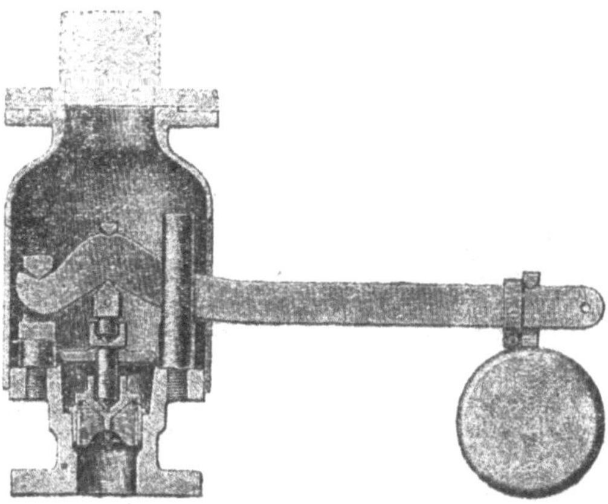

Fig. 50

ins Freie ausströmen kann, weil das Abblasen dieser Ventile innerhalb einer viel kürzeren Zeit geschieht, wie bei gewöhnlichen Sicherheitsventilen, und deshalb der Kesselraum sonst plötzlich mit Dampf erfüllt wäre.

Die Hochhubsicherheitsventile sollen die gesamte Dampfentwicklung bei geschlossenem Absperrventil nur unter vollem Feuer abzuführen imstande sein.

Durch den Vorhub soll erreicht werden, daß der größte Hub mit größerer Allmählichkeit erreicht werden kann. Bei den „mit Vorhub" versehenen Sicherheitsventilen (s. Fig. 51) sind zu diesem Zweck über dem Kegel zwei Platten etagenförmig angeordnet, während das gewöhnliche Hubventil (vgl. Fig. 50) nur mit einer Platte versehen ist. Das Hubventil mit Vorhub hat also anfangs einen geringeren Hub, und erst wenn der Druck zwischen der ersten und zweiten Platte weiter steigt, wird das Ventil zum vollen Hube geführt, während der Vorhub nur ¼ bis ⅓ des vollen Hubes beträgt.

Das Einstellen der Hochhubsicherheitsventile geschieht am besten unter Dampf, und zwar so, daß das Ventil

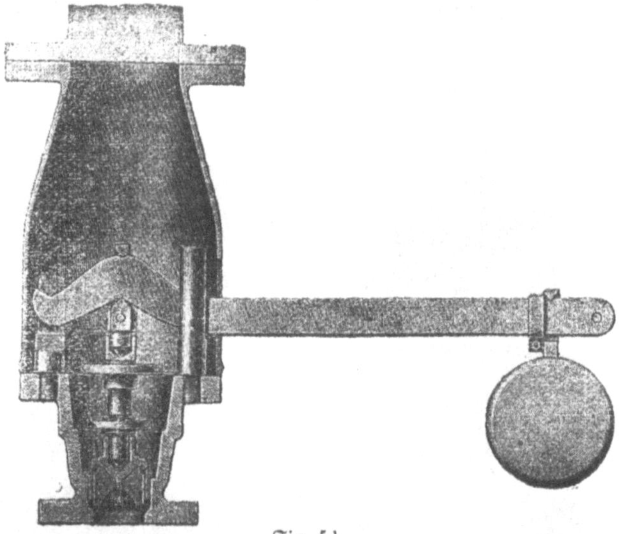

Fig. 51

deutlich und hörbar abbläst. Man muß beim Einstellen Undichtheiten des Ventils wohl vom Abblasen unterscheiden. Es soll sich dabei jedes Sicherheitsventil voll heben können, in der Regel um den fünften bis zehnten Teil seines Durchmessers.

Die ringförmigen Querschnitte zwischen dem äußeren Rande des Ventilkegels und der Platte, sowie dem inneren Rande des Gehäuses müssen überall dem freien Querschnitte des Ventildurchmessers entsprechen.

Wenden wir uns nunmehr zur Beschreibung des

Selbstschlußventils.

Wir unterscheiden Absperrventile, die mit einem Selbstschlußventil kombiniert sind, und Selbstschlußventile, die nur als solches neben vorhandenem Absperrventil Verwendung finden können. Was die Konstruktion dieser Ventile angeht, so ist aus der Abbildung zu ersehen, daß die Rohrbruchschutzvorrichtung aus einem Ventilteller besteht, welcher durch seine Spindel Ober- und Unterführung besitzt. Der untere Teil der Spindel trägt eine Feder und ist in ein Gehäuse eingeschlossen. Vermittels eines Steckschlüssels, dessen Schaft durch den Deckel geht und in diesem durch eine Stopfbüchse abgedichtet wird, kann man die Feder jederzeit spannen oder lockern, wodurch die Einstellung des Selbstschlußventils für jede Dampfgeschwindigkeit von außen ermöglicht ist.

Der Selbstschlußkegel liegt unter allen Umständen in der Dampfströmung; falls an der Rohrleitung ein Defekt eintritt, so entsteht durch Anwachsen der Dampfgeschwindigkeit eine Spannungsdifferenz, die ein unbedingtes Schließen des Selbstschlußkegels im Gefolge haben soll.

Ein Selbschlußventil muß folgende Funktionen verrichten:

1. Es muß sicher und sofort schließen, sobald sich eine merkliche Druckminderung in der Rohrleitung einstellt;

2. es muß durch geeigneten Verschluß der Einstellvorrichtung dem Maschinisten jede Möglichkeit nehmen, die Wirksamkeit des Ventils zu beeinflussen oder zu behindern;

3. es muß Reibungen von Stopfbüchsen oder sonstigen Dichtungen verhindern;

4. es muß dem Maschinisten ermöglichen, sich stets leicht von der tadellosen Arbeitsweise überzeugen zu können (Anlüfthebel);

5. muß das Selbstschlußorgan so konstruiert sein, daß Druckschwankungen, wie sie bei normalen Dampfanlagen

vorkommen, ohne Einfluß auf dasselbe bleiben, um nicht ein unerwünschtes Schließen herbeizuführen.

6. muß das Ventil mit einer zweckmäßigen Einstellvorrichtung zum Regulieren der Empfindlichkeit ausgerüstet sein;

7. darf das Ventil dem freien Dampfdurchgang kein Hindernis bieten.

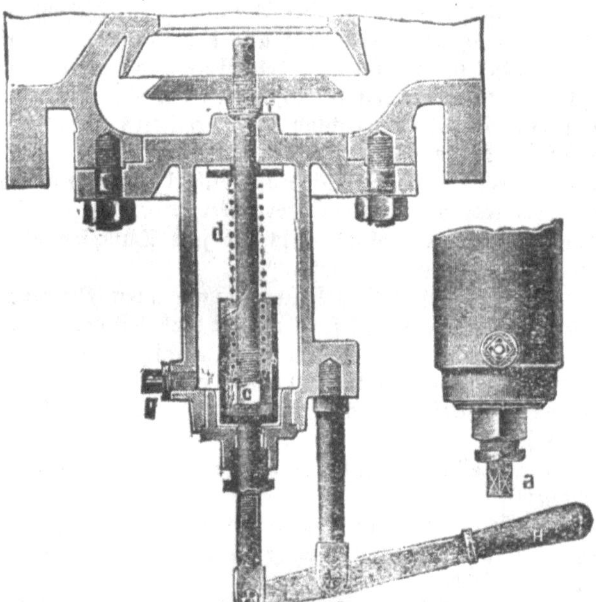

Fig. 52

Selbstschlußventile, die die vorstehend erwähnten Eigenschaften, von denen jede einzelne von großer Wichtigkeit ist, nicht besitzen, sind unvollkommen. Alle Selbstschlußventile müssen einfach konstruiert sein, da eben nur Einfachheit in der Konstruktion Gewähr für sicheres Wirken bietet (s. Fig. 52).

Um ein sicheres Funktionieren bei einem Rohrbruch herbeizuführen, ist das Ventil für die in dem betreffen-

Fig. 53

den Betriebe vorhandene Dampfgeschwindigkeit zustellen.

Für die Einstellung des Ventils kommen folgende Punkte in Betracht (vgl. Fig. 52).

Man spanne mittels des Vierkantes a, welches mit einem Hohlschlüssel b in Verbindung steht, durch Rechtsdrehen der Mutter c die Feder d so fest wie möglich an.

Hierauf ist die Betriebsmaschine auf ihre größtmögliche Beanspruchung zu bringen, wobei die Kondenshähne geöffnet sein müssen.

Alle in dem Betriebe vorhandenen Dampfentnahmen, Kochapparate u. dgl. sind anzustellen, und ist damit die höchste Dampfgeschwindigkeit, die der Einstellung des Ventils zugrunde gelegt werden muß, erreicht.

Dann drehe man am Vierkant a solange nach links, bis der Selbstschluß eintritt. Nachdemdies geschehen, ist der Vierkant a wieder um 2—3 Gänge nach rechts zu drehen, wodurch eine zuverlässige Einstellung des Ventils für die gegebenen Verhältnisse bewerkstelligt ist.

Bei Ventilen mit Anlüfthebel h ist bei dem Einstellen der Zapfen e zu entfernen; die Schraube g dient dazu, ab und zu das etwa eingetretene Kondenswasser aus dem Federgehäuse abzulassen.

Mit Hilfe des Handhebels kann man sich davon überzeugen, daß das Selbstschlußorgan in Ordnung ist, doch wolle man diesen Versuch nur bei Stillstehen der Maschine machen.

An ein gutes Rohrbruchventil muß die Anforderung gestellt werden, daß es wie ein Absperrventil unmittelbar am Dom, von welchem die Rohrleitung ausgeht, an diese anschließt.

Das Rohrbruchventil muß so eingestellt werden können, daß es nicht bei geringen etwa plötzlich eintretenden Aenderungen in der Dampfentnahme von selbst schließt.

Bei schnellem Oeffnen und Schließen des Absperrventils muß das Rohrbruchventil funktionieren.

Das Rohrbruchventil selbst muß ganz sicher konstruiert und von bestem Material hergestellt sein; es muß so eingerichtet sein, daß nicht jedermann die Stellvorrichtung benutzen kann.

Der Einfluß der Stopfbüchsenreibung muß möglichst vermieden werden.

Das Manometer.

§ 22. Um den Dampfdruck im Kessel jederzeit erkennen zu können, muß der Kessel mit einem Manometer versehen sein. Es gibt offene und geschlossene Quecksilbermanometer, ferner Federmanometer in verschiedenen Konstruktionen. Fig. 54 zeigt ein Federmanometer nach Bourdon. Dieses besteht aus einer ovalen gebogenen Metallröhre, welche mit dem Dampfraum in Verbindung steht. Durch die je nach dem Dampfdruck im Kessel hervorgerufene Formveränderung der Röhre, welche mit einem Zeiger verbunden ist, läßt sich die Größe des Dampfdruckes erkennen.

Fig. 54

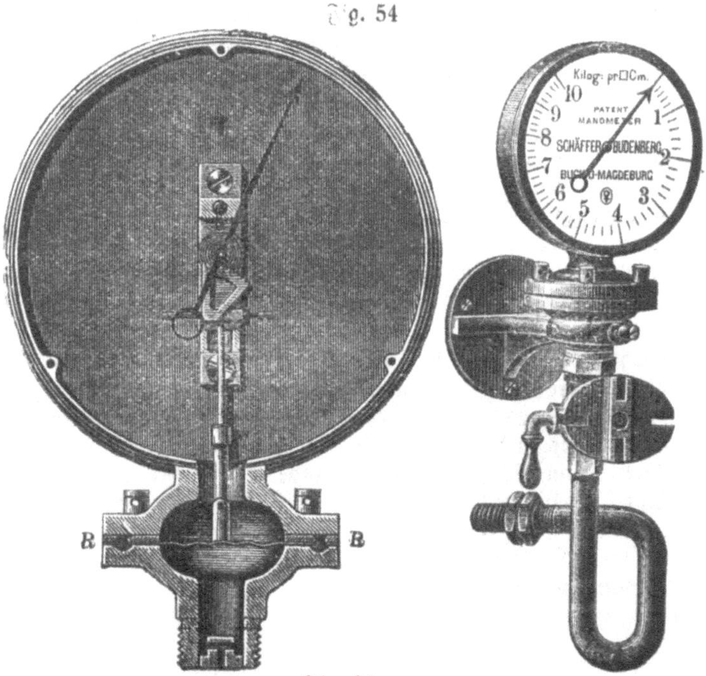

Fig. 55

Fig. 55 zeigt ein anderes Federmanometer, bei welchem der Dampf auf eine gewellte Plattenfeder drückt, deren Durchbiegung durch Hebelübertragung und Zahnrädchen auf einen Zeiger wirkt, der den Dampfdruck angibt. Um die Federmanometer möglichst lange zu erhalten, ist es vorteilhaft, dieselben gegen zu hohe Erhitzung zu schützen. Dies geschieht dadurch, daß man die Manometer seitlich auf einem Brett befestigt und mittels eines längeren gebogenen Röhrchens mit dem Dampfraum in Verbindung setzt. In diesem Röhrchen kühlt sich der Dampf soweit ab, daß er sich zu Wasser verdichtet.

Das Manometer muß jederzeit vom Dampfraum abgesperrt und das in dem Verbindungsröhrchen entstehende Kondensationswasser abgeleitet werden können.

Die Fig. 55 zeigt die Art und Weise, wie das Manometer am Kessel angebracht wird. Es ist nicht gut, wenn das Manometer von dem heißen Dampf erreicht werden kann, wodurch die Teile desselben allmählich den hohen Wärmegrad des Kesseldampfes annehmen müssen. Man schiebt deshalb in der Art, wie die Abbildung es darstellt, zwischen Manometer und Kessel ein gekrümmtes Rohr ein. Dieses ist mit Wasser ständig gefüllt, so daß wohl der Dampfdruck, nicht aber die Wärme auf das Instrument übertragen werden kann.

An Stelle der Federmanometer findet man zuweilen noch die alten Quecksilbermanometer im Gebrauch. Es besteht aus einer zweischenkeligen Glasröhre, welche bis zu einer gewissen Höhe mit Quecksilber gefüllt ist. Das eine Ende der Röhre steht mit dem Kesselinnern in Verbindung, das andere ist offen. Ist kein Dampfüberdruck im Kessel vorhanden, so steht das Quecksilber in beiden Schenkeln der Glasröhre gleich hoch. Ist Dampf vorhanden, so drückt dieser das Quecksilber in dem einen Schenkel nieder, wodurch es in dem andern steigt. Dies liefert ein sicheres Mittel zum Messen des Dampfdrucks. Weil aber die Quecksilbermanometer zerbrechlicher als Federmanometer sind, und für höheren Dampfdruck zu hoch ausfallen, sind sie ganz abgekommen und werden nur noch bei ganz feinen Messungen benutzt.

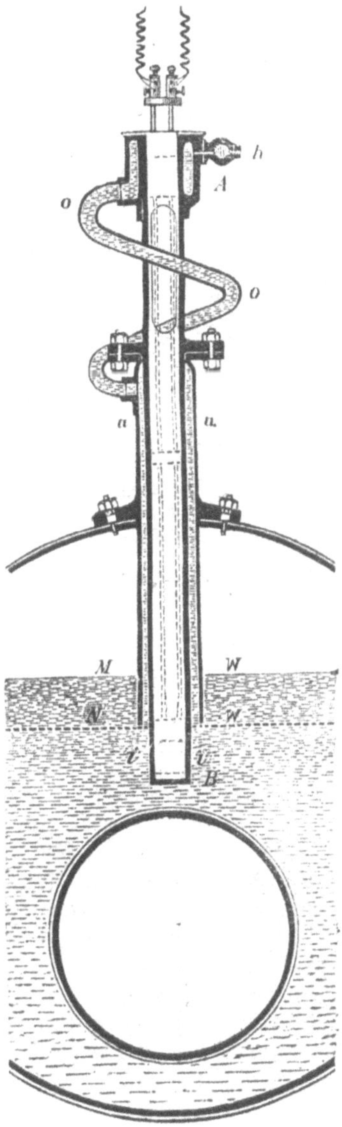

Fig. 56

§ 23. Außer den genannten sind noch andere Sicherheitsvorrichtungen im Gebrauch. Wir berühren zunächst den Schwarzkopffschen Apparat. Die Einrichtung desselben ist aus den Fig. 56 u. 57 ersichtlich. Ein unten oben geschlossenes Rohr a reicht bis zur Marke des niedrigsten Wasserstandes in den Kessel hinein. In diesem Rohr befindet sich ein zweites, unten geschlossenes Rohr i, welches oben in dem Kopf A endigt. Das Schlangenrohr o stellt eine Verbindung her mit den ringförmigen

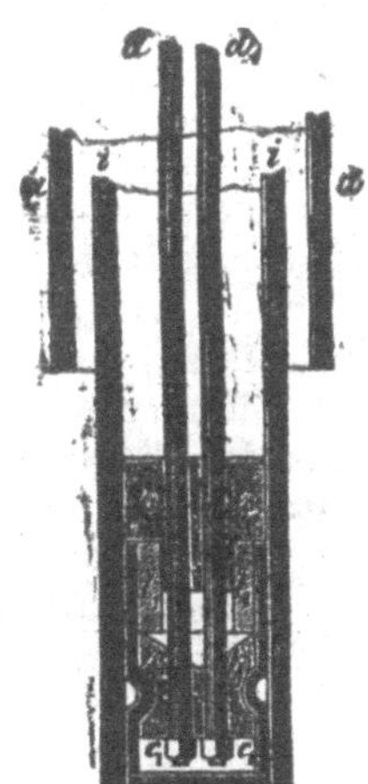

Fig 57.

Hohlräumen im Kasten A und zwischen den Röhren a und i. Diese Hohlräume und ebenso das Kühlrohr o sind beim Betriebe stets mit Wasser gefüllt, und das Wasser kühlt sich dabei so stark ab, daß es in dem Kasten A nicht über 100° heiß wird. In das innere Rohr i sind nun zwei isolierte Kupferdrähte d und d_1, wie sie Fig. 57 noch besonders darstellt, eingelassen. Diese Drähte tragen bei v und v_1 Büchsen, in denen sich Ringe aus einer Metallmischung befinden, welche bei ungefähr 100° flüssig wird. Die Ringe sind amtlich auf ihre Schmelzbarkeit untersucht und tragen den amtlichen Untersuchungsstempel. Die Wirkung des Apparates ist nun folgende. Sobald das Wasser unter die Marke NW sinkt, entleert sich der ganze mit abgekühltem Wasser gefüllte Hohlraum zwischen a und der Hohlraum in A. An die Stelle des Wassers tritt jetzt Dampf, dessen Temperatur weit über dem Schmelzpunkt des bei o befindlichen Ringes liegt. Dieser schmilzt in wenigen Augenblicken ab, das flüssige Metall fällt auf den Boden der Büchse und stellt da eine metallische Verbindung der beiden Drähte d und d_1 her. Sobald dies geschieht, wird der Strom einer anderwärts angebrachten elektrischen Batterie geschlossen und elektrische Läutewerke, die man in beliebiger Anzahl und an beliebigen Orten anbringen kann, werden in Tätigkeit gesetzt und ertönen unausgesetzt fort. Ist das Wasser im Kessel wieder auf den normalen Stand gebracht, so hat man nur den Hahn bei h zu öffnen, um die Hohlräume und das Kühlrohr o wieder mit Wasser zu füllen. Ferner nimmt man die Drähte heraus und setzt einen neuen Schmelzring ein. Der zweite Schmelzring v_1 hat folgenden Zweck. Der unterste Teil B des Rohres i reicht bis nahe an die Feuerplatte. Das Wasser hat also hier die höchste Temperatur im Kessel. Aus der Tabelle auf Seite 17 ist nun ersichtlich, daß jeder Dampfspannung im Kessel eine bestimmte Temperatur des Wassers entspricht. Angenommen, der Schmelzring v_1 werde bei 152° flüssig. Sobald nun die Dampfspannung von 5 Atmosphären überschritten wird, wird das Wasser heißer als 152°, und in kurzer Zeit schmilzt der Ring v_1, das flüssige Metall ergießt sich in die unter ihm befindliche Büchse und schließt hier ebenfalls, genau wie eben beschrieben, den Strom. Insofern verhütet der Apparat

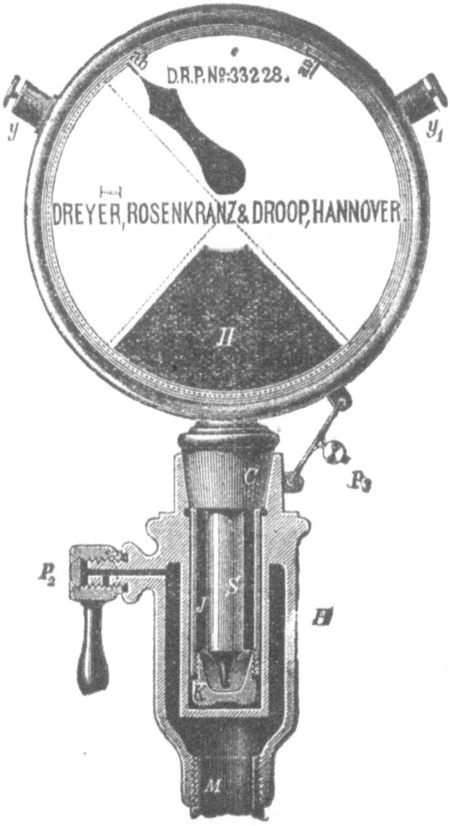

Fig. 58

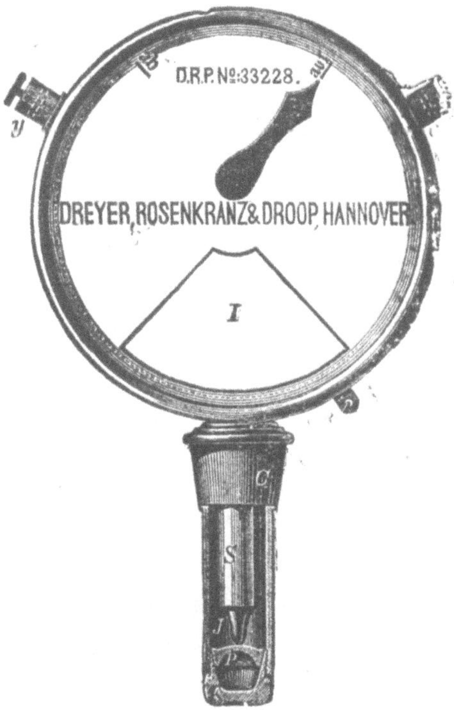

Fig. 59

auch ein unbemerktes Ueberschreiten der zulässigen Spannung. Käme der Fall vor, daß der Kessel leer angeheizt würde, so würde die Feuerplatte lange schon bevor sie glühend wird, so viel Wärme ausstrahlen und an B abgeben, daß der Ring v_1 ebenfalls schmilzt und dadurch ein Alarmsignal verursacht.

Der Warner von Dreyer, Rosenkranz u. Droop be-

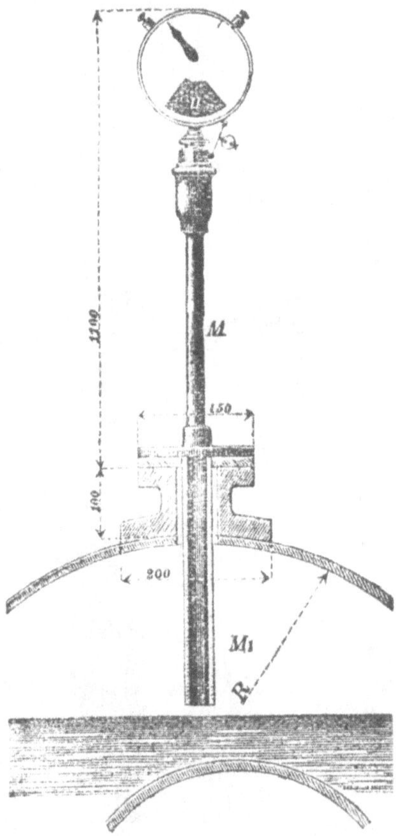

Fig. 60

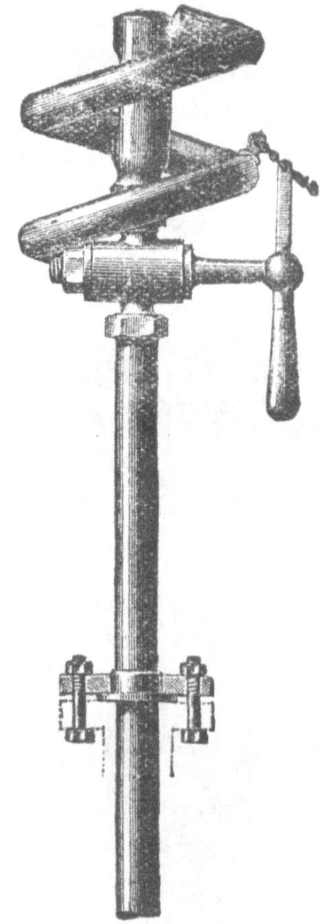

Fig. 61

-ruht darauf, daß eine aus einer leichtflüssigen, bei etwa 80° C. schmelzbaren Metallmischung bestehende Scheibe P bei ihrem Weichwerden und Schmelzen einer auf ihr

ruhenden Gewichtsstange S die Unterstützung entzieht, so daß diese herabfällt und in dem Ausschnitt eines im Ruhestande weißen Zifferblattes mit weißem Zeichen I (Fig. 59) sich nach erfolgter Tätigkeit ein schwarzes Zeichen II (Fig. 58) einstellt und schon von ferne den Wassermangel erkennen läßt, zugleich wird damit ein etwa 4 Minuten lang lärmendes Läutewerk in Tätigkeit gesetzt.

Die Vorrichtung zerfällt in zwei Teile, nämlich in den mit dem Zeigewerk I verbundenen Konus C (Fig. 58), der ein Rohrstück J, die Gewichtsstange S und die leichtflüssige Scheibe P aufnimmt, und in den Teil H, welcher ein Sackrohr bildet, wie bei (Fig. 60) zu ersehen, und durch Rohr MM mit dem Kesselinnern in Verbindung steht.

Der Konus C mit der Zeigerscheibe kann stets ohne jede Betriebsstörung und ohne daß Dampf oder Wasser entweicht, aus dem Sackrohr behufs etwaiger Erneuerung der leichtflüssigen Scheibe P herausgezogen werden. Durch das im Betriebe voll Wasser stehende Rohr M und Umspülung des Sackrohres wird die Abkühlung dieser Teile in einer Stunde auf etwa 55° C bewirkt und so im regelrechten Betriebe die leichtflüssige Scheibe vor dem Schmelzen bewahrt.

Fällt bei Wassermaigel im Kessel das Wasser aus Rohr MM, und aus dem Rohrraume des Sackrohres H, so tritt Dampf an dessen Stelle, erwärmt bei einer Atmosphäre schon alle Teile auf etwa 100° C und bringt die Scheibe P zum Schmelzen, wodurch die Zeichen sich einstellen.

Auch die Blacksche Pfeife ist als Sicherheitsapparat vielfach im Gebrauch. Diese beruht ebenfalls auf der Anwendung einer leichtflüssigen Metalllegierung, welche zum Schmelzen kommt, sobald die Pfeife vom Wasser entleert und mit heißem Dampf gefüllt wird. Der ausströmende Dampf verursacht ein weithin hörbares, durchdringendes Pfeifen. Die beigefügte Abbildung (Fig. 61) stellt den Apparat dar.

Speiseventile und Speisevorrichtungen.

§ 24. Nach den Allgemeinen polizeilichen Bestimmungen über die Anlage von Dampfkesseln muß an jedem Dampfkessel ein Speiseventil angebracht sein, welches bei Abstellung der Speisevorrichtung durch den Druck des Kesselwassers geschlossen wird. Dies Speiseventil wird deshalb auch wohl Rückschlagventil genannt.

„Jeder Dampfkessel muß mit zwei zuverlässigen Vorrichtungen zur Speisung versehen sein, welche 1. nicht von derselben Betriebsvorrichtung abhängig sind, und 2. von denen jede für sich imstande ist, dem Kessel die zur Speisung erforderliche Wassermenge zuzuführen." Letztere wird neuerdings nach der Größe der feuer- und wasserberührten Heizfläche der betreffenden Kessel in der Weise bestimmt, daß der Berechnung der zur Speisung erforderlichen Wassermenge eine Verdampfung für jeden Quadratmeter Heizfläche und Stunde von 40 Liter zugrunde gelegt wird. Mehrere zu einem Betriebe vereinigte Kessel werden hierbei als ein Kessel angesehen.

1. Die Speiseventile.

Jede Speisepumpe ist mit dem Dampfkessel durch die Speiserohrleitung verbunden. Damit die Speisewassermenge geregelt werden kann und damit das Wasser nicht wieder aus dem Kessel zurücktritt, ist in der Speiserohrleitung, in der Regel dicht am Kessel, ein Speiseventil, auch Rückgangsventil genannt, eingeschaltet, welches mit einem Handrad geschlossen werden kann. Das Ventil ist nicht mit der am Handrade befindlichen Schraubenspindel verbunden und gestattet nur ein Eintreten des Wassers in den Kessel, schließt sich aber, sobald die Speisepumpe nicht arbeitet. Das Speiseventil ist in der Regel ein Kegelventil. Vielfach ist auch das Speiseventil mit einem Absperrventil unmittelbar verbunden. Dies hat den Vorteil, daß man das Speiseventil vom Kessel ganz abschließen kann, wenn es während des Betriebes nötig wird, dasselbe nachzusehen, zu reinigen oder gar zu erneuern. Andernfalls ist dies nur möglich, wenn der Betrieb unterbrochen und der Kessel abgeblasen wird. Eine derartige Zusammenstellung von Speiseventil und Absperrvorrichtung zeigt Fig. 63 in äußerer Ansicht.

Wenn das Speiseventil nicht unmittelbar am Wasserarum des Kessels befestigt ist, so wird vielfach ein Speiserohr notwendig, welches die Speisewasser durch den Dampfraum des Kessels hindurch in den Wasserraum führt.

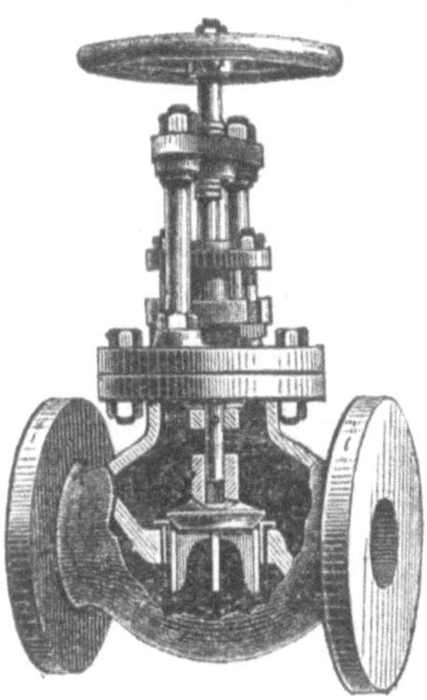

Fig. 62

Fig. 63

Die Mündung dieses gußeisernen Speiserohres darf nicht zu dicht über den Kesselplatten liegen, und es ist vorteilhaft, das Speiserohr so zu biegen, daß das etwa kalte Speisewasser genügend erhitzt mit den Kesselwandungen in Berührung kommt. Anderenfalls entstehen, wie leicht erklärlich, Undichtigkeiten und unnötige Spannungen am Kessel oder an seinen Nietungen.

2. Speisevorrichtungen.

Je nach Art ihrer Wirksamkeit unterscheidet man:
a) Speisepumpen mit Kolben, also Kolbenpumpen, und

b) kolbenlose Speisevorrichtungen, ohne bewegliche Teile, bei welchen ein Dampfstrahl auf eine ihn umgebende Flüssigkeit, das Speisewasser, mitgerissen und die lebendige Kraft des Dampfstrahles auf die Flüssigkeit übertragen wird. Diese Speisevorrichtungen nennt man Dampfstrahlpumpen oder Injektoren.

Bei den zuerst genannten Kolbenpumpen unterscheidet man einfach- und doppeltwirkende. Die ersteren besitzen nur ein Saug- und ein Druckventil. Das Saugventil steht mit dem Saugrohr, das Druckventil mit dem Druckrohr in Verbindung. Der Raum zwischen beiden steht mit dem Pumpenzylinder (auch Pumpenstiefel genannt) in Verbindung, in welchem der Pumpenkolben hin und her oder auf und ab bewegt wird.

Bei einer doppelt wirkenden Kolbenpumpe muß man also zwei Saug- und zwei Druckventile haben, so daß sowohl beim Hingang als auch beim Hergang des Kolben abwechselnd eine Saug- und Druckwirkung entsteht.

Wenn die Speisepumpe durch Menschenkraft angetrieben wird, heißt sie: Handspeisepumpe (Fig. 64); geschieht der Antrieb durch Transmission, so nennt man sie: Transmissionspumpe (Fig. 65), und wird die Speisepumpe durch eine besondere kleinere oder größere Dampfmaschine getrieben, so heißt sie: Dampfspeisepumpe (Fig. 66). Sehr häufig wird sie mittels Exzenter direkt von der Betriebs-Dampfmaschine getrieben, dann heißt sie kurz: Maschinenpumpe.

Die Speisepumpen, namentlich die größeren, werden vielfach mit Windkessel versehen, die Luft enthalten und den Zweck haben, Wasserstöße im Saug- oder Druckrohr aufzunehmen, dadurch, daß sie die Bewegung des Wassers in den Leitungen möglichst elastisch, und auch die Ventilbewegungen sanft und stoßfrei gestalten.

Vorteilhaft ist es, am Ende des Saugrohrs ein Sieb anzubringen, das etwaige Unreinigkeiten fernhält und auch wohl Saugkopf genannt wird. Wenn bei möglichst großer Saughöhe die Gefahr vorliegt, daß die angesaugte Wassersäule abreißt, so ist es notwendig, im unteren

Ende des Saugrohrs ein selbsttätig sich schließendes, sogenanntes Fußventil anzubringen, welches verhindert, daß die Flüssigkeitssäule aus dem Saugrohr beim Stillstand der Pumpe abläuft und stehen bleiben muß.

Fig. 64

Fig. 65a

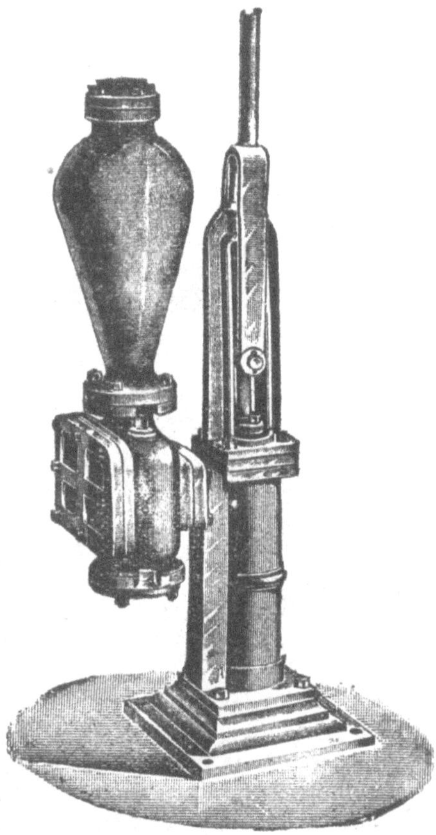

Fig. 65

Es ist selbstverständlich, daß alle Saugrohrleitungen vollständig luftdicht und die Druckrohrleitungen wasserdicht sein müssen. Zweckmäßig ist es, in die letzteren ein

Sicherheitsventil einzuschalten, welches nicht zuläßt, daß im Druckrohr aus irgend welcher Ursache ein höherer Druck als der beabsichtigte entstehen kann. Sehr vorteilhaft ist eine Einrichtung an den Speisepumpen, welche bezweckt, daß dem Kessel regelmäßig und ununterbrochen so viel Speisewasser zugeführt wird, als es der jeweilige Betrieb erfordert. Hierzu ist es nur nötig, den Druckraum der Pumpe mit dem Saugraum durch eine kurze Rohrleitung von etwa 10—30 mm Weite, je nach der Größe der Pumpe, so in Verbindung zu bringen, daß

Fig. 66

man durch ein Ventil in dieser kurzen Rohrleitung das etwa überflüssige Speisewasser zurücklaufen läßt und auf diese Weise die Speisewassermenge reguliert. Ist dies Ventil geschlossen, so wird das g a n z e angesaugte Speisewasser in den Kessel gedrückt, bei mehr oder weniger geöffnetem Ventil dagegen verhältnismäßig weniger, ganz wie der Betrieb es erfordert.

Auf diese Weise kann man, ohne die Speisepumpe während des Betriebes ganz stillzusetzen, die erforderliche

Speisewassermenge genau regeln und hat nicht nötig, plötzlich viel und kaltes Wasser in den Kessel zu bringen.

Es ist ersichtlich, daß auf die angedeutete Art der Speisung auch ein etwa vorhandener Vorwärmer vorteilhafter und ökonomischer arbeitet, insofern das Speisewasser in kleineren Mengen höhere Temperaturen erhalten muß.

Der Injektor, auch Dampfstrahlpumpe genannt, beruht darauf, daß ein Strahl eines flüssigen oder gasförmigen Körpers, wenn er unter hohem Druck aus einem Rohr austritt und durch einen andern Raum strömt, aus

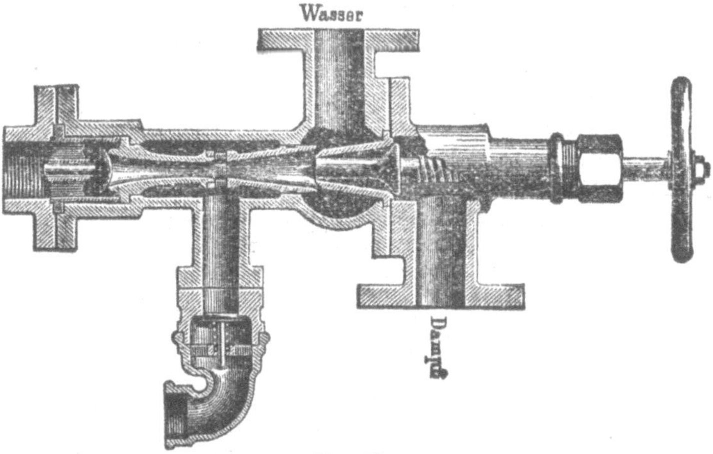

Fig. 67

diesem Flüssigkeit oder Gas mitreißt. In Fig. 67 ist ein Durchschnitt eines Injektors dargestellt. Wird durch Drehen des Handrades das Absperrventil geöffnet, so tritt Dampf aus dem mit „Dampf" bezeichneten seitlichen Rohre und strömt aus der oberen Düse in die untere. Hierbei reißt er aus dem seitlichen mit „Wasser" bezeichneten Rohre Wasser mit. Der Dampf wird dabei zu Wasser verdichtet. Die dem durchströmenden Dampf innewohnende Arbeitskraft wird auf das Wasser übertragen. Dadurch wird dieses allmählich in den Stand gesetzt, den Dampfdruck des Kessels zu überwinden und das Ventil, welches die untere Oeffnung der Düse gegen den Kessel hin abschließt, zu öffnen und in den Kessel zu treten. Je nachdem ein Injektor das Speisewasser ansaugen muß oder das Wasser ihm zugeführt wird, heißt er saugend oder nichtsaugend.

Ein Injektor kann nur dann wirksam sein, wenn der Dampf durch das mitgerissene Wasser hinreichend kondensiert wird. Aus diesem Grunde sind Injektoren unbrauchbar, wenn das Speisewasser über einen gewissen Grad vorgewärmt wird. Der in der Abbildung dargestellte Injektor kann nur speisen, wenn das Speisewasser nicht über 30° erwärmt ist.

Wenn das Speiseventil nicht unmittelbar am Wasserraum des Kessels befestigt ist, so wird vielfach ein Speiserohr notwendig, welches das Speisewasser durch den Dampfraum des Kessels hindurch in den Wasserraum führt. Die Mündung dieses am besten gußeisernen Speiserohrs darf nicht zu dicht über den Kesselplatten, sondern muß wenigstens 300 mm über denselben liegen, und es ist vorteilhaft, das Speiserohr so zu biegen, daß das Speisewasser genügend erhitzt mit den Kesselwandungen in Berührung kommt.

Vielfache Anwendung haben in neuerer Zeit die Zentrifugalpumpeu gefunden, namentlich im Betriebe der Hochdruckkessel. Die Bauart derselben hat große Aehnlichkeit mit Wasserturbinen, nur in umgekehrter Weise. Man unterscheidet Radial- und Achsialräder. Nur die ersteren kommen bei Zentrifugalpumpen in Betracht.

Wenn der Druck, welchen eine Pumpe zu überwinden hat, die Leistung eines Rades übersteigt, so ist man genötigt, mehrere Zentrifugalräder hintereinander zu setzen auf dieselbe Achse, und die zu leistende Arbeit auf mehrere Räder zu verteilen. Diese Anordnung genügt dann für jede Leistung einer Hochdruckpumpe, auch wenn hundert Meter Druckhöhe zu überwinden ist, namentlich wenn sie mit Leitschaufeln versehen sind. Solch eine Hochdruckpumpe ist in Fig. 67 a dargestellt. a, a. sind die hintereinander geschalteten Laufräder b, b. die Leitschaufeln welche dazu dienen, dem folgenden Laufrad eine geeignetere Zuströmung zu sichern. Bei geringeren Leistungen sind die Leitschaufeln entbehrlich, wenn es sich um kleinere Druckhöhen handelt.

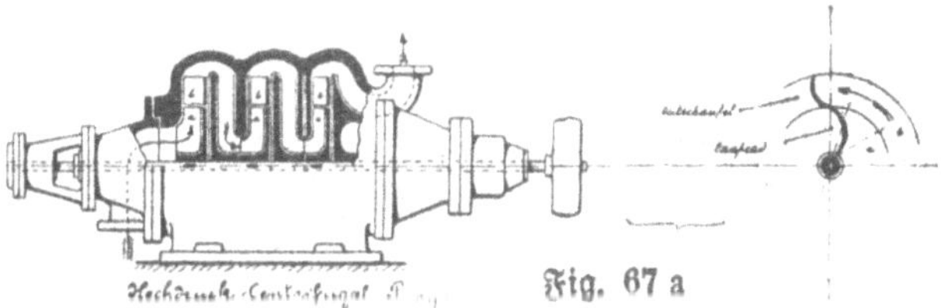

Fig. 67 a

Die einzelnen Laufräder sind vollkommen gleich, ebenso die Leitschaufeln. Solche hintereinander geschalteten Räder nennt man Verbundräder. Bei Hochdruckpumpen muß der ihnen anhaftende achsiale Schub durch einen Entlastungskolben aufgenommen werden, wenn der achsiale Schub nicht durch eine Gegenschaltung der Laufräder aufgehoben wird.

Hochdruck-Zentrifugalpumpen besitzen oft zehn Stufen, und elektrischen Antrieb, wobei im letzteren Falle auf die zur Verfügung stehende Stromart, Periodenzahl usw. zu achten ist. Es soll bei dieser Gelegenheit besonders darauf aufmerksam gemacht werden, daß neuerdings diese Hochdruckzentrifugalpumpen mit einer automatischen Regulierung versehen sind, und in der Speiseleitung für jeden Kessel ein besonderer Wassermesser eingebaut ist, was für die Kenntnis der entsprechenden Verdampfung der einzelnen Kessel von wesentlichem Vorteil ist. Ebenso vorteilhaft ist es für einen ökonomisch arbeitenden Kesselbetrieb, wenn Ekonomiser oder Speisewasservorwärmer, die in der Regel im Fuchs eingebaut sind, das Speisewasser auf eine möglichst hohe Temperatur (151° Cels.) bringen. Die Reinigung dieser, aus gußeisernen Röhren bestehenden Vorwärmer vom anhaftenden Ruß und Flugasche geschieht durch automatisch wirkende, auf und abgehende Schaber, während sie von innen periodisch von Hand mit Stahldrahtbürsten gereinigt werden müssen.

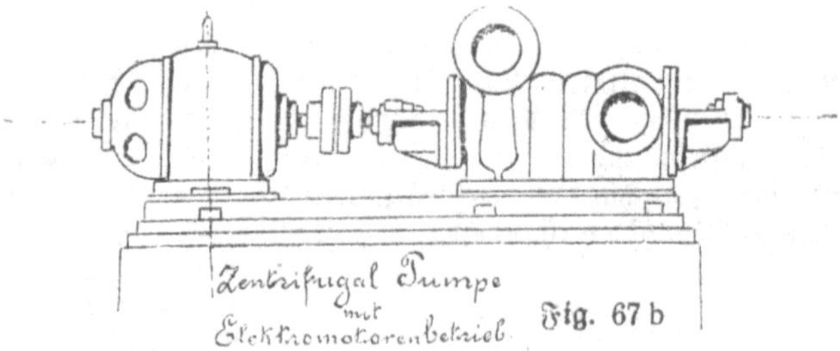

Fig. 67 b

Das Dampfabsperrventil.

§ 25. Damit der im Kessel erzeugte Dampf jederzeit abgesperrt und die dem Kessel zu entnehmende Dampfmenge geregelt werden kann, ist an jedem Dampfkessel ein Dampfabsperrventil notwendig. Die Größe desselben richtet sich nach der Weite der Dampfrohrleitung und diese nach der Größe des Kessels einerseits, nach der zu verbrauchenden Dampfmenge andererseits. Bei Dampfrohrleitungen von geringeren Abmessungen, etwa 1—3 cm lichter Weite, braucht man passende kleine Hähne oder Ventile und befestigt dieselben möglichst am Kessel selbst.

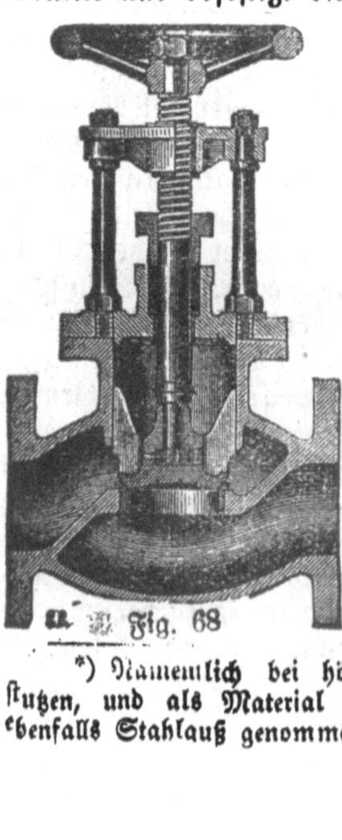

Fig. 68

Bei größeren Dampfleitungen nietet man jedoch an den Dom zunächst einen Stahlgußstutzen*) von passender Weite und an diesen erst das Absperrventil. Absperrventile sind in Fig. 68 dargestellt.

Vorteilhaft ist es, das Absperrventilrad mit einer Vorrichtung zu versehen, aus deren Stellung man sofort ersieht, ob das Ventil geschlossen oder wie weit es geöffnet ist und in welcher Richtung das Handrad gedreht werden muß.

*) Namentlich bei höherem Druck müssen stets Stahlgußstutzen, und als Material und Gehäuse zu den Absperrventilen ebenfalls Stahlguß genommen werden.

Bei neueren Dampfkesselanlagen kommt es vielfach darauf an, überhitzten Dampf mit Kesseldampf zu mischen, oder jeden Dampf für sich fortzuleiten. Aus diesem Grunde wird vielfach ein sog. Leitventil zwischen die beiden Absperrventile, vom Kessel und vom Ueberhitzer, eingeschaltet. Die Kesselfabriken von Piedboeuf liefern zu diesem Zweck das „Triole Ventil", welches jene Schaltungsarten in bequemster Weise zuläßt. Diese Konstruktion ersetzt also drei bis vier Ventile und macht Rohrformstücke in der Dampfleitung überflüssig (s. Abbildungen).

Triole Ventil

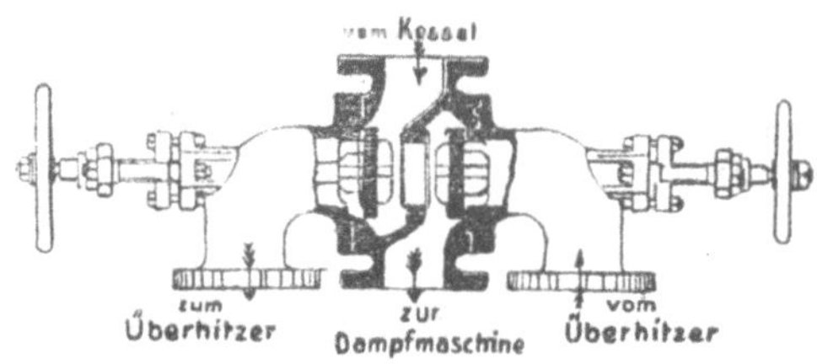

Die Ablaßvorrichtung.

§ 26. Diese besteht in der Regel aus einem gewöhnlichen Hahn, dessen Größe sich nach dem Kessel richtet. Auch ein Ventil mit Handrad wird zu demselben Zweck verwandt. Alle Ablaßvorrichtungen haben den Zweck, den Kessel, wenn derselbe z. B. behufs Reinigung, oder aus einem andern Grunde, außer Betrieb gesetzt werden soll, zu entleeren. Außerdem will man aber auch den Ablaßapparat benutzen, um täglich oder wöchentlich das schlammige Wasser aus dem Kessel zu entfernen, also den Schlamm abzublasen, und zwar unter Druck. In letzterem Falle benennt man den Abblaseapparat nach dieser Arbeit.

Neuerdings hat man der Konstruktion dieser Apparate größeres Interesse entgegengebracht, und das mit Recht. So sind manche gute Abblaseapparate entstanden, die sich namentlich dadurch auszeichnen, daß sie sich leicht, selbst unter Druck, öffnen und schließen lassen. Die Unreinlichkeiten, selbst Kesselsteinsplitter, die sich oft am tiefsten Punkte der Kessel ablagern, verstopfen solche Abblaseapparate nicht, während die Arbeit des Abblasens mittels gewöhnlicher Hähne und Ventile oft zu großen Unannehmlichkeiten Veranlassung gab, insofern, daß sie sich unter Druck oftmals nicht wieder schließen ließen.

Sehr brauchbar ist z. B. für den Zweck täglichen Abblasens unter Druck der neue kombinierte Dampfkessel-Schlammablaß-Apparat von Ingenieur Liebermann. Da das sogenannte Abschlämmen mit den gewöhnlichen Hähnen oft gefahrvoll ist, so ist eine derartige Ventilkonstruktion, wie sie Liebermann ausführt, sehr am Platze. Die Bedienung dieses Apparates ist vom Heizerstandpunkt aus sehr bequem, vermittelst eines Steckschlüssels durch die Belagplatte, ohne letztere entfernen zu müssen und ohne in den Kanal vor dem Kessel einsteigen zu brauchen.

Der Durchgang durch den Apparat ist gerade und kann sich nicht verstopfen, was durch die schräge Lage der Ventilspindel erreicht worden ist. Die Anbringung dieses Apparates ist einfach und nicht kostspielig.

An dem Kessel ist zunächst ein gußeiserner Flansch angenietet, und an diesem wird zunächst ein gußeiserner Krümmer angeschraubt, der eine passende Länge hat, damit der Abblaseapparat an seine richtige Stelle vor den Kessel kommt.

Das Dampfdruck-Reduzierventil.

§ 27. Zuweilen ist es nötig, Dampf von geringerer Spannung zu verwenden, als der Dampferzeuger liefert. Es kann ferner vorkommen, daß von zwei oder mehreren miteinander in Verbindung stehenden Kesseln der eine für höheren Druck genehmigt und benutzt wird als der andere. In diesen Fällen hat man aus dem Dampfraum mit höherem Dampfdruck in den Dampfraum des Kessels von niedrigerem Druck Dampf abzugeben. Hierzu dient das Dampfdruck-Reduzierventil. Seine Konstruktion beruht auf dem Gedanken, den aus dem Behälter strömenden und seinem Verbrauchsort zueilenden Dampf zu drosseln, d. h. seiner Bewegung seinen Widerstand entgegenzusetzen, und zwar dadurch, daß der Durchgang willkürlich verengt wird. Indem der Dampf, um diesen Widerstand zu überwinden, sehr bedeu-

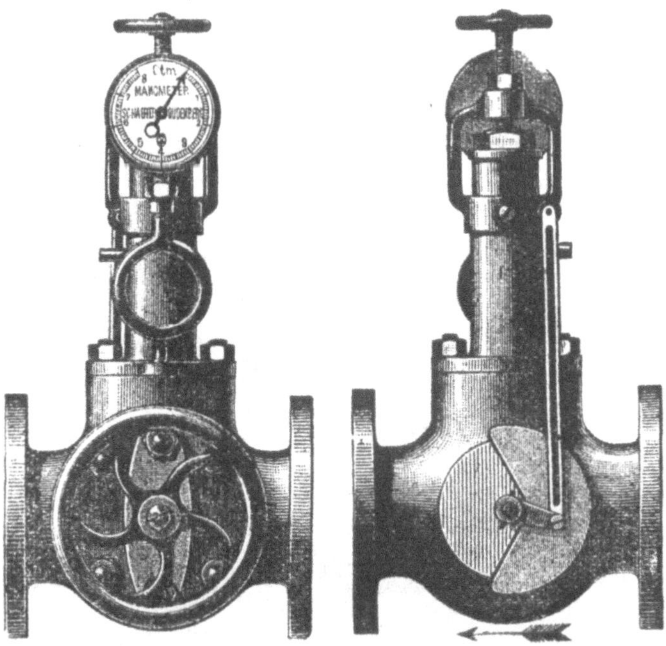

Fig. 69

tende Geschwindigkeiten in der Verengerung annimmt, verliert er infolge der hierbei geleisteten Arbeit und der hinter der Verengung eintretenden Ausdehnung einen Teil seinerSpannung, und die daraus sich ergebende reduzierte Spannung ist um so geringer, je geringer die Anfangsspannung, je größer die Verengung und je größer der Dampfverbrauch ist.

Die Ventile müssen selbsttätig wirken. Es gibt eine Reihe von Konstruktionen der Reduzierventile; wir geben den neuesten Apparat, das Universal-Dampfdruck-Reduzierventil der Firma Schäffer & Budenberg in Buckau-Magdeburg. Der Apparat ist in Fig. 69 u. 70 dargestellt. Das Ventil wird in der Richtung des Pfeiles in die Dampfrohrleitung ein-

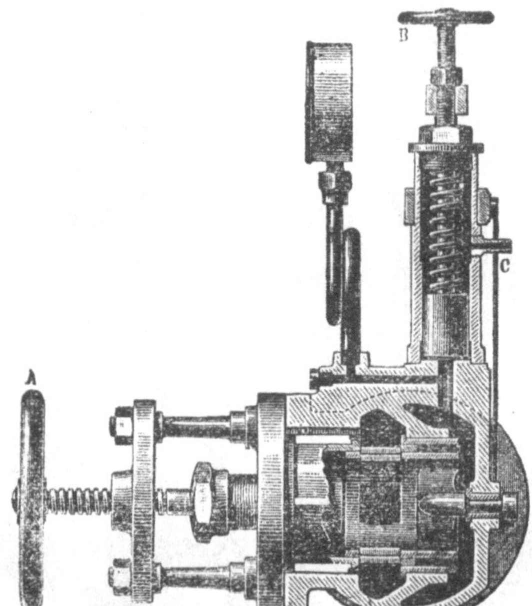

Fig. 70

geschaltet; der durch Feder belastete Kolben sowie das Manometer stehen dann mit der Seite des reduzierten Druckes in Verbindung. Die Kolbenbewegung wird, wie aus den Fig. 69 u. 70 ersichtlich ist, vermittels Zugstange und Kurbel auf ein drehbares Zylinderventil übertragen. Dieses sowie auch die zylindrische Verlängerung des Absperrventilkegels ist mit rechteckigen Dampfkanälen versehen, welche sich bei tiefster Kolbenstellung und geöffnetem Absperrventil decken, also ganz geöffnet sind, nud mit steigendem Kolben mehr und mehr geschlossen werden.

Der Dampfkesselbetrieb.

§ 28. Der Dampfkesselbetrieb läßt sich in folgende Perioden einteilen:

1. Die Periode der Vorbereitung des Dampfkessels zum Betriebe.
2. Die Periode des Anheizens oder die Inbetriebsetzung.
3. Die Periode des Dampfens oder des regelmäßigen Betriebes.
4. Die Außerbetriebsetzung eines Kessels oder das Ablassen.
5. Die Reinigung der Kessel (Vorbereitung zur inneren Revision und Druckprobe usw.).

1. Vorbereitung des Dampfkessels zum Betriebe.

Soll ein Dampfkessel in Betrieb genommen werden, so hat sich der Heizer zunächst zu überzeugen, ob der Kessel den gesetzlichen Bestimmungen entspricht, ob etwa eine Reparatur notwendig ist und ob die vorgeschriebenen Revisionen vorgenommen worden sind. Der Heizer hat deshalb zunächst den Kessel im Innern genau zu untersuchen und nötigenfalls zu veranlassen, daß ein Sachverständiger den Kessel auf seine Brauchbarkeit prüfe. Der Heizer hat selbst nachzusehen, ob die Armaturteile am Kessel sich in brauchbarem Zustande befinden, ob die Verbindungsröhren zu den Armaturteilen nicht verstopft sind, ob die Reinigung des Kessels innerlich und in den Zügen, und der Züge um den Kessel in einer Weise geschehen ist, daß in dieser Hinsicht nicht Gefahr oder Verlust an Brennmaterial entstehen kann. Der Heizer hat auch zu veranlassen, daß die Unterstützung und Fundamentierung des Kessels genau untersucht werde, damit nicht, wie es schon vorgekommen ist, der Kessel infolge Durchrostens der Kesselstühle in eine gefährliche Lage gebracht und die Züge infolge jahrelanger Vernachlässigung durch den zwischen Mauerwerk und Kesselwandungen festgebackenen Ruß verstopft bleiben. Erst dann, wenn der Heizer durch gründliche Untersuchung im Innern des Kessels und der Züge die volle Ueberzeugung gewonnen hat, daß die Dampfkesselanlage noch betriebsfähig und den gesetzlichen Vorschriften entsprechend beschaffen ist, können die Arbeiten beginnen, welche die Dichtung der Mann- und Schlammlöcher bezwecken. Das Verpacken der Mann- und Schlammlöcher darf erst nach gründlicher Reinigung derselben vorgenommen werden, nachdem die Gangbarkeit der betreffenden Schrauben und Muttern erprobt und die Dichtungsflächen mit dem genügenden Kitt aus Mennige bestrichen und mit Hanfflechten versehen sind, welche den Rand des Mann- oder Schlammlochdeckels fest umschließen und mit Firnis gründlich durchtränkt sind. Auch dürfen die Deckel nicht schief eingesetzt, sondern müssen gleichmäßig angezogen werden. Zum Zwecke des Verpackens können auch, wie neuerdings häufig geschieht, passende Ringe von Gummi an Stelle der Hanfflechten und des Kittes angewendet werden. Alle diese Deckel müssen von innen angepreßt und durch Bügel und Muttern angezogen werden.

Vor Einsetzung des Wasserstandsglases ist genau zu untersuchen, ob die Verbindung der Wasserstandshähne mit dem Kessel genügend ist; auch ist darauf zu sehen, daß das Wasserstandsglas nicht schief zu sitzen kommt und daß die Dichtungsringe (aus Gummi oder besser Docht, welcher dreisträhnig eingeflochten und eingetalgt wird) mit den Muttern nicht fest angezogen werden, sondern eine Ausdehnung bei der Erwärmung gestatten. Die verschiedenen Ventile, wie Ablaß-, Sicherheits-, Speiseventil, sind zu untersuchen und zu reinigen.

Bei den Sicherheitsventilen sind die Belastungen zu prüfen; die Hebel- und Ventilstangen müssen in ihren Drehzapfen eingeölt, die Sitzflächen gründlich gereinigt werden.

Die Dichtungsstellen der Dampfrohrleitung und die in derselben etwa vorhandenen Stopfbüchsen und Kompensationsapparate sind, wenn nötig, frisch zu verpacken.

Das Manometer darf nicht eher befestigt werden, bevor das Verbindungsröhrchen nach dem Kessel gereinigt und untersucht ist.

War der Kessel einer Reparatur unterworfen worden, so ist eine Druckprobe vorzunehmen; der Kessel muß alsdann überall verdichtet und von den Rohrleitungen und nebenliegenden Kesseln mittels Blindflantschen abgeschlossen sein. Zur Füllung des Kessels ist möglichst gutes und reines, geklärtes Wasser zu nehmen. Findet das Füllen der Kessel mit der Handpumpe statt, so ist diese mit frischen Packungen zu versehen. Dabei hat sich der Heizer zu überzeugen, daß die Pumpe sich in brauchbarem Zustande befindet. Während des Probedruckes, zu dessen Herstellung diese Handpumpe oder eine geeignete besondere Druckpumpe zu benutzen ist, wird der Kessel nochmals auf seine Dichtigkeit geprüft und zugleich nachgesehen, ob die Sicherheitsventile in richtiger Weise sich öffnen. Erst wenn sich nicht mehr solche Undichtigkeiten zeigen, welche zu Bedenken Veranlassung geben, und sich namentlich der Kessel selbst in allen Teilen als dicht und vollkommen widerstandsfähig erwiesen hat, etwaige Undichtigkeiten aber nach Entleerung des Kessels in richtiger Weise beseitigt sind, können die noch übrigen Arbeiten vorgenommen werden. Beim Herrichten der Rostfeuerflächen, also beim Einbauen der Rostbalken und Roststäbe, ist namentlich darauf zu achten, daß sich ideselben genügend ausdehnen können und daß die Roststäbe genügend Luft durchlassen, ohne daß die Lücken, also die freie Rostfläche, zu groß sind. Die unverbrannte Kohle darf nicht durchfallen können, und deshalb hat sich die Breite der Luftkanäle, d. h. die freie Rostfläche oder der Zwischenraum zwischen den einzelnen Roststäben, nach der Beschaffenheit des Brennmaterials zu richten. Der Ueberschlag hinter dem Rost oder die Feuerbrücke muß in richtiger Höhe aus feuerfestem Material, etwa aus Chamottesteinen mit Feuerlehm, aufgemauert werden, der Kaminschieber gangbar sein. Zu den Vorarbeiten, welche bezwecken, einen Dampfkessel zum Gebrauch herzurichten, gehört auch die Reinigung der Speisewasserbehälter und der Brunnen, die Untersuchung der Saugrohrleitung, wie überhaupt die Herstellung und Revision der Maschinen- und Dampfpumpen.

Auch von dem Zustande des Mauerwerks, ob dasselbe z. B. Risse hat und falsche Luft durchläßt, von dem Zustande der Anker und Reienigungstüren, von dem brauchbaren Zustande der Feuertüren mit Rahmen und der Aschfallklappe, welch letztere verstellbar und leicht beweglich sein soll, um den Luftzutritt unter dem Rost zu regeln, und, wenn erforderlich, zur Dämpfung des Feuers abschließen zu können, hat sich der Heizer zu überzeugen.

Zum Schutze der vorderen Nietungen der Feuerplatte der Kessel dienen die halbkreisförmigen oder bogenförmigen gußeisernen Schutzbögen; diese sind namentlich bei Innenfeuerung dringend notwendig.

Bei langen Feuerungen ist außerdem noch unter dem Rost ein Querbalken anzubringen, welcher das Schüren von unten erleichtert und deshalb Schürstock genannt wird. Hat sich in dieser Weise der Heizer genügende Ueberzeugung von dem Zustande seiner Kesselanlage verschafft und sind die etwaigen Mängel beseitigt, so ist schließlich noch darauf zu achten, daß der Kessel mindestens so weit mit reinem Wasser gefüllt wird, daß der gesetzlich niedrigste Wasserstand im Glase gesehen werden kann, wenn

2. Das Anheizen des Kessels

vorgenommen werden soll. Das etwa überflüssige Wasser ist bis zum niedrigsten Wasserstande erst abzulassen, nachdem das Wasser warm geworden ist, ohne daß das Manometer Druck im Kessel anzeigt. Während des Anheizens sind der Probierhahn im Dampfraum sowie das Sicherheitsventil und Absperrventil offen zu halten, damit die im Kessel vorhandene Luft entweichen kann. Beim Anzünden des Holzes oder der Schanzen, womit der vordere Rost etwa zur Hälfte belegt ist, während auf der andern Hälfte Stückkohlen liegen, bleibt die Feuertür bei offenem Kaminschieber ebenfalls offen. Die Feuertür wird erst geschlossen, wenn die Kohlen angebrannt sind und das Feuer durchgestoßen werden kann. Der Rost muß dann gleichmäßig mit Kohlen beschickt werden; damit kein zu heftiges Brummen des Zuges eintreten kann, muß der Zug vorläufig noch gemindert werden. Wenn sich die Dampfentwicklung an dem geöffneten Sicherheitsventil oder dem Probierhahn oder an der Dampfmaschine, deren Wasserablaßhähne geöffnet sind, bemerklich macht, wird das Absperrventil und der Probierhahn im Dampfraum geschlossen, und der Zug kann verstärkt werden. Erst wenn der Druck im Kessel genügend hoch ist, kann der Dampf verwandt werden. Ein Oeffnen des Sicherheitsventils soll während des Anlassens der Maschine möglichst vermieden werden, und wenn es notwendig wird, so muß das Lüften langsam geschehen. Steigt der Druck zu hoch, so muß der Kessel mittels der Dampfpumpe oder des Injektors gespeist, der Zug vermindert, die Feuertür geöffnet werden.

Das Anwärmen der Dampfmaschine geschieht langsam, ebenso das Oeffnen des Absperrventils. Das Nachziehen der Packungen, der Mannlochdeckel usw. ist ebenfalls sehr vorsichtig vorzunehmen .

Während des Heizens sind der Wasserstandsapparat und das Manometer selbstverständlich wiederholt zu probieren und alle zur ordnungsmäßigen Bedienung der Feuer notwendigen Geräte herbeizuschaffen.

3. Das Heizen während des regelmäßigen Betriebes.

Während des regelmäßigen Betriebes hat der Heizer vor allen Dingen dafür zu sorgen, daß das Wasser im Kessel nicht **unter** die Marke des niedrigsten Wasserstandes sinkt und daß die Dampfspannung nicht über den konzessionierten Druck steigt. Der Wasserstandsapparat ist möglichst oft zu probieren, namentlich wenn der Wasserspiegel nicht genügend spielt. Das Probieren des Wasserstandsapparates geschieht am besten in folgender Weise: Der Wasserhahn ist zu schließen, der Abblasehahn am Wasserstande zu öffnen, so daß reiner Dampf durch das ganze Glas der Länge nach bläst, etwa eine halbe Minute lang. Dann schließt man den Dampfhahn am Wasserstandsapparat und öffnet den Wasserhahn, so daß nunmehr nur Wasser ausbläst, ebenfalls etwa eine halbe Minute lang. Dann wird der Dampfhahn geöffnet und der Abblasehahn geschlossen, und man kann aus dem schnelleren oder langsameren Wiedererscheinen des Wasserspiegels im Glase auf den Zustand des Wasserstandsapparates schließen. Ist der Apparat verstopft, so kommt der Wasserstand langsam wieder zurück, ist er in Ordnung, so sieht man ihn sofort wieder an seiner früheren Stelle, nachdem der Dampfhahn geöffnet und der Abblasehahn geschlossen wurde.

Das Aufwerfen der Kohlen und die Behandlung des Brennmaterials, ob da Feuer schwächer oder stärker in Zug zu erhalten ist, hat sich hauptsächlich nach dem Stande des Manometers zu richten.

Die Kohlen sollen nicht in zu großen Stücken aufgegeben werden, die Rostfeuerfläche ist überall gleichmäßig und nicht zu hoch, im allgemeinen nicht höher als 100—150 mm zu beschicken.

Bei regelmäßigem Dampfabgang soll das Feuer den Aschenfall hell erleuchten, was der Beweis dafür ist, daß die Schlackenbildung nicht zu weit vorgeschritten ist und die Luft den genügenden Durchgang findet. Danach hat sich auch das Schüren und Durchstoßen des Feuers zu richten. Die Feuertür soll, abgesehen von der Reinigung der Feuer, niemals länger als 10—12 Sekunden während der Beschickung offen stehen. Unnötiges Arbeiten im Feuer ist zu vermeiden. Hat ein Heizer mehrere Feuer zu bedienen, so soll das Reinigen und Beschicken der Feuer in den Pausen nacheinander geschehen, niemals dürfen zwei Feuertüren zugleich offen stehen.

Bei der Auswahl der Kohlen hat der Heizer so zu verfahren, daß eine möglichst sparsame Heizung erzielt wird. Ein Gemisch von fetten und mageren Kohlen etwa im Verhältnis von 1 zu 2 oder wie 1 zu 4 hat sich hierorts bewährt. Dabei sind die Zugverhältnisse und die Art des Rostes maßgebend. Stark schwefelhaltige Kohle ist zu vermeiden. Auch für die gute Aufbewahrung der Kohlen ist Sorge zu tragen, damit dieselben nicht zu sehr der Luft und Witterung ausgesetzt sind. Kohlen, welche zu lange im Freien lagern, verlieren bis zu 20% an Heizwert. Der Heizer hat sich von Zeit zu Zeit, besser noch täglich, zu überzeugen, wieviel Kohlen er verheizt, und notiert sich die Kohlenmenge gewissenhaft, ebenso weiß er Auskunft zu erteilen, wieviel Schaufeln bei jedesmaliger Beschickung des Feuers aufgegeben werden, wie lange und wie oft die Feuertür per Stunde offen steht und mit welcher Oeffnung des Kaminschiebers die Verbrennung am besten hergestellt wird. Unnötig viel Luftzuführung muß ebenso vermieden werden als zu wenig. Das beste Merkmal hierfür ist das Aussehen der Ascheteilchen im Aschenfall. Diese sollen ein hellgraues, feinkörniges Aussehen haben. Das Reinigen der Feuer von Schlacken soll womöglich stets in den Stillstandspausen vorgenommen werden, sonst nur, wenn ein Oeffnen der Rostspalten oberhalb oder unterhalb des Rostes nicht mehr durch Schüren usw. möglich ist. Der Heizer läßt dann das Feuer so weit als möglich herunterbrennen, schließt den Kaminschieber und kann nun entweder die übrigbleibenden glühenden Kohlen auf eine Hälfte des Rostes, der Länge nach, über die unten liegenden Schlacken herüberschieben, um zunächst die eine Hälfte des Rostes zu reinigen, und danach ebenso die andere, oder der Heizer kann die sämtlichen übrigbleibenden Kohlen nach hinten an die Feuerbrücke (Ueberschlag) schieben und so die ganze Rostfläche zugleich von Schlacken reinigen. Die letztere Methode hat den Vorteil, daß die Reinigung schneller geschieht. Die Schlacken werden mit dem Spieß aufgehoben und mit dem Haken herausgeholt. Hiernach werden die übriggebliebenen glühenden Kohlen auf der Rostfläche gleichmäßig ausgebreitet und dann frische, zu diesem Zweck bereitgehaltene Stückkohlen wieder aufgegeben. Danach muß der Kaminschieber wieder geöffnet, die Feuertür geschlossen werden. Die herausgeholten Schlacken dürfen nicht zu lange vor dem Kessel liegen bleiben. Bei Tag- und Nachtbetrieb hat jeder abtretende Heizer dem ablösenden beim Schichtwechsel die Feuer stets gereinigt zu überliefern. Ebenso soll die Asche entfernt sein, und es darf der abtretende Heizer nicht eher die Kesselanlage verlassen, bis sich der neue Heizer von dem Zustande der Kesselanlage überzeugt und seinen Posten ordnungmäßig übernommen hat, wobei letzterer auch von der Gangbarbarkeit der Speisepumpe überzeugen muß. Der Heizer hat auch dafür zu sorgen, daß diejenigen Vorrichtungen, welche zur Verhinderung eines allzufesten Kesselsteinsatzes dienen, in richtiger Weise benutzt werden, wie z. B. das regelmäßige Zusetzen von Soda mittels der Speisepumpe. Bei salzhaltigem Speisewasser ist auch ein periodisches Abblasen von Speisewasser bei niedrigem Druck in den Stillstandspausen zu empfehlen und nachfolgende Speisung mit frischem Wasser. Das Abblasen unter hohem Druck ist für den Kessel schädlich. Dem Heizer muß es zur Pflicht gemacht werden, die Ablaßvorrichtung am Kessel stets in gutem Zustande zu erhalten und darauf zu achten, daß dieselbe gangbar bleibt.

Im übrigen ist jeder Heizer zur gewissenhaftesten Beobachtung der Dienstvorschriften während des Betriebes besonders verpflichtet. Kein Heizer darf auf seinem Posten gelassen werden, der gegen diese Vorschriften handelt, namentlich hinsichtlich des Wasserstandes und des Dampfdruckes. Jedem Heizer liegt es ob, für die Reinhaltung des Kesselhauses zu sorgen, damit namentlich nicht solche Gegenstände sich im Kesselhause anhäufen, die nicht hineingehören; auch soll der Heizer keine Nebenbeschäftigung haben. Das Kesselhaus darf von keinem Unberufenen betreten werden, wodurch am sichersten erzielt wird, daß während des Betriebes nicht solche Vorsichtsmaßregeln notwendig werden, welche wie z. B. eiserne Gitter, den Heizer in seiner freien Bewegung hindern. Das Kesselhaus soll nicht zu einer Materialkammer für die Fabrik dienen, sondern nur die notwendigen Reservestücke usw. sollen in einem besonderen verschließbaren Schrank aufgehoben werden. Nur das zur Bedienung des Kessels notwendige Werkzeug muß vor dem Kessel zur Hand sein. Auf dem Kesselmauerwerk dürfen keine Gegenstände herumliegen, die dem Heizer hinderlich sind oder gar die Sicherheitsapparate verdecken.

Besondere Aufmerksamkeit hat der Heizer während des Betriebes anzuwenden, wenn die Dampfentwicklung unregelmäßig, unter heftigem Aufkochen vor sich geht, d. h. wenn der Kessel überkocht. Dieser Zustand des Kesselwassers ist für den Kessel wie für die Dampfmaschine gleich schädlich. Der Kessel wird dabei heftig erschüttert, die Dampfmaschine erleidet Stöße, beide können zertrümmert werden. Tritt die Erscheinung des Ueberkochens stark auf, so sind die Feuer zu entfernen, nachdem der Kaminschieber geschlossen ist. Die Speisung mit frischem Wasser ist dagegen so lange wie möglich fortzusetzen. Die Sicherheitsventile bleiben geschlossen, die Absperrhähne des Wasserstandsapparates sind sehr oft zu probieren. Da das Ueberkochen sehr häufig durch schlammiges Wasser herbeigeführt, also meistens sich dann zeigen wird, wenn die Reinigung des Kessels nicht genügend vorgenommen wurde, so ist es am besten dadurch zu beseitigen, daß das schlammhaltige Speisewasser abgeblasen wird. Am meisten leiden Röhrenkessel durch Ueberkochen und solche mit zu kleinem Dampfraum, weil sich bei solchen Kesseln der Schlamm viel mehr fühlbar macht, namentlich wenn der Heizer dabei noch Fehler begeht, z. B. die Ventile zu plötzlich und weit öffnet. Auf diese Weise läßt sich das Ueberkochen sogar künstlich erzeugen. Wird dieser Zustand des Kessels nicht genügend berücksichtigt und nicht möglichst schnell beseitigt, so kann ein Kessel sogar explodieren, mindestens aber Ueberhitzungen erleiden, welche zu Rissen in der Feuerplatte leicht Anlaß geben.

Soll für eine Zeitlang (z. B. nachts) der Betrieb unterbrochen werden, so werden die Feuer zurückgeschoben und der so frei werdende Rost mit Asche belegt, der Kaminschieber geschlossen. Ohne Aufsicht darf der Kessel dabei nicht gelassen werden. Will sich der Heizer während der Nacht aus dem Kesselhause entfernen, wie es ja in der Regel geschieht, so müssen die Feuer gänzlich herausgezogen und der Kaminschieber geschlossen werden. Der Dampfdruck muß möglichst heruntergearbeitet sein; der Heizer hat sich rechtzeitig danach einzurichten. Der Wasserstand dagegen soll möglichst hoch sein.

Undichtigkeiten an den Kesseln oder an den Verpackungen hat der Heizer sofort zu melden und für deren schnelle Beseitigung Sorge zu tragen, namentlich aber dafür, daß kein Kessel in Betrieb gehalten wird, der undicht geworden ist.

Die in der jüngsten Zeit unausgesetzt gesteigerten Kohlenpreise machen es gebieterisch zur Pflicht, auf alles Bedacht zu nehmen, was Wärmeverluste beim Dampfkesselbetrieb verhüten und die Ergiebigkeit des Brennstoffes erhöhen kann. Diese erhöhte Sorgfalt erstreckt sich sowohl auf die Anlage der Heizvorrichtungen und Kessel, als auch auf die Tätigkeit des Heizers.

Bei einer erheblichen Breite des Feuerraumes ist es unzweckmäßig, eine einzige Heiztür anzubringen. Durch dieselbe wird es schwierig, die vorderen Teile der beiden Rostseiten gehörig zu beschicken. Außerdem läßt die Tür eine große Oeffnung zur Einströmung von kalter Luft. Diese wirkt um so stärker, je größer ihr Querschnitt ist und je häufiger das Aufwerfen geschieht. Es ist deshalb vorteilhaft, die einzige größere Tür durch zwei kleinere zu ersetzen, welche gestatten, die ganze Rostfläche leicht zu bewerfen. Hierbei kann auch die sogenannte abwechselnde Beschickung des Rostes leichter bewerkstelligt werden. Dieses Verfahren besteht darin, den frischen Brennstoff auf der einen Seite des Rostes der Länge nach aufzugeben, während derselbe auf der anderen Seite ausbrennt. Dadurch wird der Rost besser bedeckt, auch bis zu einem gewissen Grade eine Rauchverzehrung bewirkt, da die heißen Gase der brennenden Seite die der schwelenden frischen Kohle entzünden. Vorausgesetzt hierbei ist allerdings, daß im Feuerraum genügend Luft vorhanden ist, um den Rauch zu verbrennen. Die zweite Hälfte des Rostes darf erst beschickt werden, wenn die erste in voller Glut steht. Die Vorschrift, daß der Heizer während des Aufgebens von frischer Kohle den Kaminschieber schließen soll, wird häufig vernachlässigt. Es ist deshalb wünschenswert, eine Vorrichtung anzubringen, welche beim Oeffnen der Feuertür den Kaminschieber selbsttätig schließt. Ein solches Mittel besteht darin, zum Verschluß der Tür nicht eine Klinke, sondern einen die ganze Breite einnehmenden Riegel zu verwenden, der durch Stangenübertragung mit dem Schieber verbunden ist.

Das Ausschlacken geschieht durchgängig durch Zurückstoßen des brennenden reinen Materials und Entfernung der Schlacken durch die Heiztür. Folge dieses Verfahrens ist unausbleiblich die Zertrümmerung der Feuerbrücke durch das Schürgerät. In anderen Gegenden wird verschieden verfahren. Sind die Schlacken zusammengerecht, so wird die brennende reine Kohle auf die Seite des Rostes geworfen und hierauf der Abfall ausgezogen, dann die Rosthälfte mit der brennenden Kohle wieder bedeckt und frische aufgegeben. Da dies eine zweckmäßig konstruierte Schaufel benötigt, ist ein Einbrechen der Herdwände oder der Feuerbrücke nicht möglich. Dieses Verfahren ist daher dem sonst gebräuchlichen vorzuziehen und wird durch Anbringen von zwei Heiztüren wesentlich erleichtert. Während des Ausschlackens darf der Zugsicheber etwas geöffnet bleiben, um das Personal nicht durch glühenden Staub und Strahlung der Hitze zu belästigen. Bei der besten Beschickung fallen stets unverbrannte Teilchen durch den Rost. Daher empfiehlt es sich, während der letzten Arbeitsstunden der Tagschicht teilweise den Inhalt des Aschenfalls aufzugeben, um sämtliche Koksteilchen und etwa ganz frische, zufällig in denselben geratene Kohlenstückchen vollständig auszunützen.

Besondere Bedeutung hat auch die Größe des Rostes. Durch zahlreiche Beobachtungen ist erwiesen, daß die Kohlenmenge, welche pro Quadratmeter Rostfläche stündlich verfeuert werden darf, eine gewisse Grenze hat, wenn die Kohle möglichst ausgenutzt werden soll. Bei Kohlen I. und II. Qualität können höchstens 75 kg, bei Klein- und Gruskohle höchstens 100 kg stündlich auf 1 qm Rostfläche verfeuert werden. Die Leistung eines Kessels hängt von einem richtigen Verhältnis zwischen Rost- und Heizfläche, welche sich nach der Beschaffenheit des Brennstoffes richtet, ab. Die Rostfläche muß um so größer sein, je mehr Luft ein Brennstoff in der Zeiteinheit erfordert, also je schneller die Kohle in der Hitze vergast. Bei mageren Kohlen und Koks soll die Rostfläche $^1/_{40}$—$^1/_{50}$, bei englischen, belgischen und westfälischen Kohlen $^1/_{37}$ bis $^1/_{40}$, bei Saarkohlen $^1/_{30}$—$^1/_{35}$ der Heizfläche betragen.

Von allen Rostkonstruktionen ist diejenige die beste, welche auf einer gegebenen Flächeneinheit die größte Luftmenge durchläßt, also wo das Verhältnis der freien Rostfläche zur Gesamtfläche das größte ist. Mit Unrecht wird von manchen Kesselbesitzern und Kesselfabrikanten wenig Wert auf die Feuerbrücke gelegt. Die Feuerbrücke bewirkt eine Mischung der Feuergase mit Luft, zwingt ferner die Flamme, eine zur Längsachse des Kessels senkrechte Richtung einzuschlagen und daher mehr Wärme an den Kessel abzugeben, als wenn sie sofort der Längsrichtung nach streift, und verhindert den Heizer, Asche und Schlacken in den Feuerkanal zu stoßen, anstatt sie durch die Tür auszuziehen.

Da eine genügende Luftzufuhr ein unerläßliches Mittel zur Erzielung einer ausgiebigen Feuerung ist, so ist darauf zu achten, daß der Schornstein genügende Zugkraft besitzt. Andererseits ist es unvorteilhaft, wenn der Zug zu stark ist, die Luft also zurasch durch den Feuerraum und die Züge eilt. Die Heizgase haben alsdann keine Zeit, ihre Wärme an den Kessel abzugeben, und gelangen zu heiß in den Schornstein. Aus diesem Grunde empfiehlt es sich, außer dem jedem Kessel eigenen Zugschieber ein großes gemeinsames Register am Fuße des Schornsteins einzuschalten, dessen Normalstellung versuchsweise festgesetzt wird. Dieser Schieber ist mit Verschlußvorrichtungen zu versehen, um ein eigenmächtiges Verstellen seitens der Heizer zu verhindern. Bei ungenügendem Zug und der Unmöglichkeit, den Schornstein abzuändern, ist künstlicher Zug durch einen Druckventilator anzubringen, der Luft in den dicht verschlossenen Aschenfall bläst. Ein Druck von 8—12 mm Wassersäule ist genügend. Bei gehörigem natürlichen Zuge beträgt derselbe 5—10 mm auf dem Roste und 19—25 mm am Fuße des Schornsteins. Ein Dampfstrahlgebläse wird kostspielig wegen des Dampfverbrauchs, und ein Ventilator guter Konstruktion, von der Kraftmaschine der Fabrik angetrieben, ist vorzuziehen. Der künstliche Zug gestattet außerdem, Scheidewände und Querschnittveränderungen in den Kanälen anzubringen, wo dies bei natürlichem Zuge mitunter nicht möglich wäre.

Um zu verhüten, daß die Heizgase zu heiß in den Schornstein gelangen, läßt sich ihre Wärme teilweise an einen Vorwärmer abgeben. Bei einer guten Kesselanlage sollen die Heizgase mit einer mittleren Temperatur von 150° entweichen. Es ist jedoch nicht zweckmäßig, sie noch weiter abzukühlen, weil sonst, namentlich wenn das Speisewasser viel kälter ist, sich Wasser aus den Heizgasen an den Wandungen des Vorwärmers verdichtet und dadurch Rost erzeugt wird.

Wiederholt wurde in dem Früheren darauf aufmerksam gemacht, daß das Einströmen kalter Luft in den Feuerraum, wenn dies an anderer Stelle als durch die Rostspalten geschieht, schädlich ist. Soweit diese Luft an der Verbrennung nicht teilnimmt, dient sie nur dazu, dem Feuer Wärme zu entziehen, da sie kalt einströmt und erheblich heiß in den Schornstein entweicht. Lufteinströmung wird leicht entdeckt durch Annähern eines brennenden Lichtes an die verdächtige Stelle. Die Flamme wird rasch angesogen und bei starkem Zuge sogar ausgelöscht.

Ein sorgfältiges Reinhalten der Züge und insbesondere der metallenen Teile ist besonders wichtig. Bezüglich der inneren Reinigung ist hervorzuheben, daß es unerläßlich erscheint, Sieder von 60cm und weniger Durchmesser durchgehend herzustellen und an beiden Enden mit Mannlöchern zu versehen. Nicht nur kann der mit der Reinigung beauftragte Arbeiter stets frei atmen, sondern es wird auch die Kontrolle derselben leicht, indem man durch den Sieder schauen kann, ohne den optischen Täuschungen ausgesetzt zu sein, die bei Einschieben des Lichtes in einen hinten geschlossenen Sieder nicht ausbleiben. Diese Konstruktion ist auch bei Siedern zu empfehlen, deren Länge 5 m übersteigt. Für die kurzen Sieder der Heizröhrenkessel z. B. ist sie nicht unerläßlich, da in der Regel nur zwei derselben von sehr großem Durchmesser verwendet werden. Die äußere Reinigung, besonders wenn sie durch einen Schornsteinfeger im Akkord bewerkstelligt wird, ist stets zu überwachen. Man trifft nur allzuhäufig auf Kessel, deren Mauerwerk sauber gereinigt ist, während die Bleche mit einer Rußschicht bedeckt bleiben, deren Dicke mitunter 2 cm beträgt. Gerade die metallenen Teile müssen stets rein gehalten werden; ein sauberes Mauerwerk ist wünschenswert, aber nicht unentbehrlich, der Ruß bildet eine Isolierschicht, fällt oft von selbst ab oder brennt aus. Die Heizrohre sind um so öfter zu putzen, als die verwendete Kohle rußiger ist. Bei trockenem und staubigem Ruß ist Reinigung durch einen Dampfstrahl zu empfehlen. Ist der Ruß pechartig und klebrig, so verwende man eine Metallbürste. Oft sind die im Handel verkäuflichen Bürsten zu weich, um ein gründliches Abkratzen zu gestatten.

Nach zweckmäßiger Aufstellung des Kessels ist zur Verwendung des Dampfes noch dessen Qualität zu berücksichtigen. Zu beliebigen Zwecken ist es stets von Vorteil, trockenen Dampf zu haben; dieser wird durch mäßige Erzeugung pro Stunde und Quadratmeter Heizfläche, sowie durch möglichst große Verdampfungsfläche und Trocknen vor der Verwendung erhalten. Ersterer Faktor spielt eine bedeutende Rolle, wie dies durch Maschinenproben bestätigt wird. Zwei ganz gleiche Maschinen, gleich gut ausgeführt, mit demselben Anfangsdruck und derselben Kraft arbeitend, liefern verschiedene Verbrauchsergebnisse, je nachdem die Dampferzeugung mehr oder weniger forciert wird, daher der Dampf mehr oder weniger Wasser mitreißt. Die Verdampfungsfläche oder die Fläche des Wasserspiegels ändert sich innerhalb beschränkter Grenzen bei dem Siederkessel; sie ist jedoch stets zu klein in Anbetracht der durch das Aufsteigen der Dampfblasen entstehenden Wallungen. Beim Siederkessel wird daher stets Wasser mitgerissen. In dieser Beziehung steht derselbe dem Gegenstrom- und Flammrohrkessel von großem Durchmesser nach. Was die engröhrigen Siederohrkessel betrifft, so ist die mitgerissene Wassermenge so groß, daß alle mit geräumigen Dampfbehältern, Abscheide- und Trockenvorrichtungen versehen werden müssen.

Günstige Betriebsverhältnisse sind eine Dampferzeugung bis zu 16 kg pro Stunde und Quadratmeter Heizfläche bei Siederkesseln, bis zu 14 kg bei Heizröhrenkesseln, bis zu 20 kg bei großen Flammrohrkesseln mit Innenfeuerung. Bei den engröhrigen Siederohrkesseln beschränkt sich die Erzeugung gewöhnlich auf 12 kg und kann 18 kg erreichen, wenn ein Dampftrockner vorhanden ist.

4. Die Außerbetriebsetzung eines Dampfkessels und das Ablassen.

Wenn die Außerbetriebsetzung eines Kessels in Aussicht steht, so ist schon beim Heizen darauf Rücksicht zu nehmen und allmählich weniger Brennmaterial aufzuwerfen, damit das Feuer beim Schließen des Absperrventils ausgebrannt ist. Dann werden die Feuer und die Asche vollständig von den Rosten gezogen und gelöscht. Dabei ist namentlich darauf zu achten, daß die Kesselwände, wie z. B. beim Zweiflammrohrkessel der vordere Boden, nicht von der Feuchtigkeit zu leiden haben. Die Dampfspannung soll so weit wie möglich gesunken sein, was durch allmähliches Oeffnen der Sicherheitsventile und Speisen des Kessels mit kaltem Wasser beschleunigt werden kann. Der Kessel soll jedenfalls vor zu schneller Abkühlung bewahrt bleiben; es dürfen, nachdem die Feuer herausgezogen sind, nicht sofort die Feuertüren und der Kaminschieber voll geöffnet werden, sondern müssen vorerst geschlossen gehalten und nur allmählich geöffnet werden, um die Abkühlung des Mauerwerks zu beschleunigen.

Etwa zwei bis drei Stunden nach dem Herausziehen des Feuers darf erst das Wasser abgelassen und es muß hierbei jede Erschütterung der Kessel durch plötzliches Oeffnen des Ablaßhahnes bei zu hohem Druck vermieden werden. Dann werden die Züge geöffnet, ebenso die Mann- und Schlammlöcher am Kessel, und die Reinigung und etwa notwendige Reparatur kann ca. 6—12 Stunden nach dem Ablassen je nach der Größe des Kessels beginnen. Ist eine Entfernung des Kesselsteins mittels Kapphämmer notwendig, so dürfen keine zu scharfen Instrumente benutzt werden, damit die Kesselplatten geschont werden. Den Gehilfen beim Reinigen sollen vom Heizer bestimmte Stellen angewielsen werden, welche dieselben zu reinigen haben, weil dann die Ueberwachung erleichtert ist.

Soll ein Kessel innerlich revidiert werden, so hat der Heizer besonders dafür zu sorgen, daß die Züge sowohl wie die Kesselplatten innen und außen gründlich gereinigt sind, damit eine Besichtigung möglich ist; ebenso sind die Roste und die Feuerbrücke zu entfernen. Wird eine Druckprobe des Kessels notwendig, so soll nach der inneren Untersuchung wiederum eine Füllung des Kessels stattfinden . Von den etwa nebenliegenden Kesseln ist der zu prüfende Kessel mittels Blindflantsche abzuschließen, was auch dann notwendig ist, wenn der Kessel gereinigt werden soll.

Soll der Kessel längere Zeit außer Betrieb stehen, so hat der Heizer dafür zu sorgen, daß kein Mittel versäumt wird, um etwa während des Stillstandes im und am Kessel eintretende Verrostungen zu verhindern. Da, wo solche eintreten, ist ein rostverhindernder Anstrich (Mennige, gereinigtes Leinöl und Graphit, Bleiglätte und Glyzerin) anzuwenden, namentlich auch an solchen Stellen, welche schon während des Betriebes Anrostungen zeigten. Teilweise Entfernung des Mauerwerks an solchen Stellen ist sehr zu empfehlen, in manchen Fällen notwendig. Der Heizer kann nun hauptsächlich zwei Wege einschlagen, um den Kessel im Innern vor Anrostungen während eines längeren Stillstandes zu schützen:

1. Der Kessel wird ganz mit Wasser gefüllt, schwach angeheizt, um aus dem Wasser die Luft heraus-

zukochen, was etwa einen Tag anhalten kann, und dann vollständig überall dicht verschlossen.

2. Der Kessel wird entleert, im Innern gehörig ausgetrocknet (was auch mittels wasserfreien Chlorkalziums geschehen kann), mit einem rosthindernden Anstrich versehen und dann ebenfalls luftdicht verschlossen. Das Chlorkalzium wird in Gefäßen im Kessel verteilt aufgestellt. Dabei sind immer diejenigen Stellen besonders aufmerksam zu behandeln, welche leichter den Anrostungen ausgesetzt sind.

Die äußeren Heizflächen der Kessel sind auch zweckmäßig mit einem Firnisanstrich oder mit einem dünnen Anstrich von Portlandzement zu versehen, die nicht von den Heizgasen berührten äußeren Kesselflächen mit Mennigeanstrich. Anstrich mit Fett ist zu vermeiden.

Die Roste unter außer Betrieb gestellten Kesseln sollen vollständig frei und nicht belegt sein, namentlich nicht mit Schanzen usw. Selbstverständlich ist bei ganz mit Wasser gefüllten Kesseln stets ein Erwärmen des Kessels notwendig, wenn die Temperatur bis auf 1 oder 2° über Null im Kesselraum gesunken ist. Andernfalls läuft man Gefahr, daß bei weiterem Sinken der Temperatur Eisbildung auftritt und den Kessel zerstört.

Über die neuesten Wasserreinigungs-Apparate

zur vollständigen Vermeidung von Kesselstein, zur Reinigung und Klärung des Wassers mit automatischer Wasser- und Laugenzuführung und Kiesfilter (D. R. P. 148 047 und D. R. G. M.) für warme und kalte Reinigung dienen solche Apparate mit innenliegendem oder mit außenliegendem Kiesfilter, wie sie in den nebenstehenden Figuren dargestellt sind. Der Vorgang in diesen Apparaten ist folgender:

Das durch eine Pumpe geförderte oder von einem Holzbehälter zufließende ungereinigte Wasser gelangt zunächst in eine Wasserverteilvorrichtung. Durch diese, die mit Ueberlauf versehen ist, wird die ganze Wassermenge

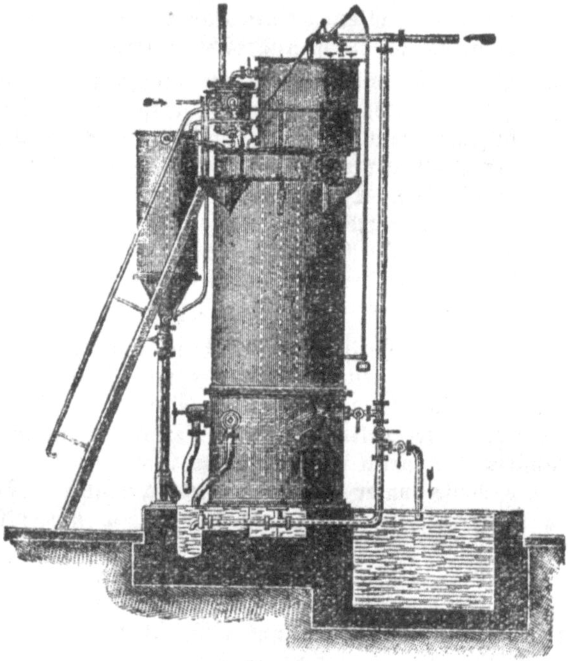

Fig. 71

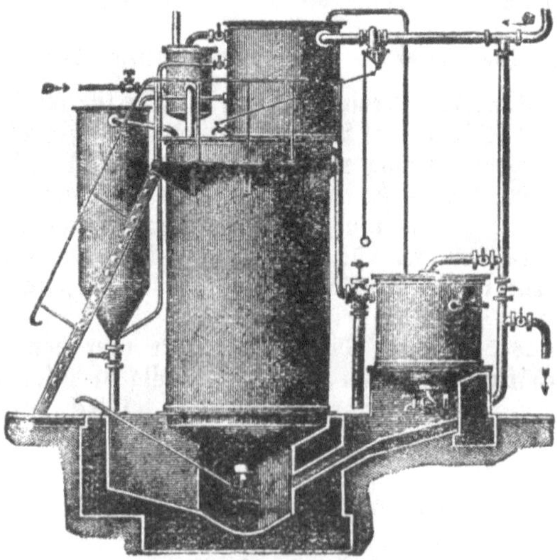

Fig. 72

in zwei Teile zerlegt. Der größere Teil fließt durch einen Kataraktvorwärmer nach dem Füllrohr des Klärgefäßes, während der kleinere Teil des Wassers zur Betätigung eines Laugeautomaten dient und dann nach dem Kalksättiger geführt wird. Durch diese Einrichtung wird erreicht, daß die Menge der zugeführten Lauge immer im genauen Verhältnis zur jeweilig zufließenden Wassermenge steht.

Im Kataraktvorwärmer wird das zu reinigende Wasser mit Abdampf oder Frischdampf auf die für die Reinigung günstigste Temperatur vorgewärmt. Der verwendete Dampf schlägt sich im Vorwärmer nieder. Im

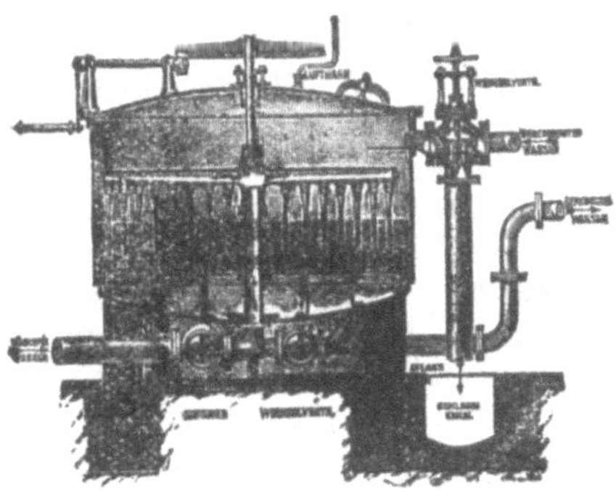

Fig. 73

Füllrohr des Klärgefäßes befindet sich ein besonderer Mischteller, in dem das Wasser mit der Lauge zusammentrifft. Hier beginnt nur die Ausscheidung der Kesselstein bildenden Stoffe, die sich zum größten Teil auf dem trichterförmigen Boden des Klärgefäßes als Schlamm ablagern und von Zeit zu Zeit durch das Schlammablaßventil entfernt werden. Das Wasser steigt im Klärgefäß langsam nach oben und fließt durch eine Rohrleitung nach dem Kiesfilter. Im Kiesfilter werden alle noch fein verteilten und schwimmenden Unreinigkeiten zurückgehalten und das Wasser gelangt so vollkommen klar nach dem Reinwasserbehälter. Aus diesem entnimmt es die Kesselspeisepumpe.

Enthält das zu reinigende Speisewasser nur Schlamm oder Schlammbildner, so genügt in vielen Fällen der in Figur 73 abgebildete mechanisch auf leichte Weise auswaschbare Kreisfilter, in dessen oberem Raum das Filtermaterial auf einem Siebboden ruht und mit einer besonderen Rühr- und Spülvorrichtung versehen ist; die mit Spritzlöchern versehenen Rührarme sitzen leicht drehbar auf dem Eintrittsrohr für das Spülwasser und kann durch eine Handkurbel oder Riemscheibe in Bewegung gesetzt werden. Vorstehende Angaben verdanke ich der Maschinenfabrik Grevenbroich, die solche Apparate vielfach hergestellt hat.

5. Die Reinigung der Kessel.

Diese hat den Zweck, die Kesselwandungen wieder fähig zu machen, die Wärme vollständig durchzulassen, was einerseits durch Ansammlung der Asche in den Zügen und an den äußeren Heizflächen der Kessel verhindert wird. Die Reinigung der Kessel vom Kesselstein, der Heizfläche von fest anhaftender Asche ist eine der wichtigsten Arbeiten, welche der Heizer zu leiten, zu beaufsichtigen und teilweise selbst zu besorgen hat. Es ist deshalb die Pflicht jedes Heizers, die beste Art und Weise ausfindig zu machen zur möglichst gründlichen und leichten Beseitigung und Verhinderung des Kesselsteinansatzes und der Aschenablagerungen. Am besten für den Kesselbetrieb ist natürlich Regenwasser und weiches Bachwasser, weil diese keinen Kesselstein bilden, höchstens lockere, schlammbildende Substanzen aufgelöst enthalten. Der Heizer wird deshalb dahin trachten, das Regenwasser aufzusammeln oder sonst weiches Wasser zu erhalten. Leider ist das nicht immer möglich, und der Heizer muß auch mit schlechterem Kesselwasser fürlieb nehmen. Am besten wäre es nun, wenn man den Schlamm schon während des Betriebes täglich entfernen könnte, und es gibt in der Tat Apparate, welche die tägliche gefahrlose Entfernung dieses Schlammes bezwecken; im allgemeinen muß aber der Kesselstein und Schlamm erst bei Gelegenheit der Reinigung des Kesselinnern entfernt werden. Zu diesem Zwecke wird der Kessel nach erfolgter Abkühlung geöffnet und der Kesselstein wird mit nicht zu scharfen Kapphämmern entfernt. An denjenigen Stellen, wo man mit Kapphämmern nicht arbeiten kann, benutzt man längere, gebogene, starke Stahlmeißel und schaberförmige Werkzeuge. Die Reinigung der noch mehr unzulänglichen Heizröhren wird mittels biegsamer Sägeblätter bewirkt, oder man zieht einen Teil der Röhren heraus, um die übrigen von verschiedenen Seiten aus reinigen zu können. Siederöhren werden ausgebohrt mittels geeigneter Kesselsteinbohrer und Schaber; zu dieser Arbeit gehören wenigstens zwei Gehilfen, in der Regel aber vier, da der Heizer häufig auch die Reinigung der Sicherheitsapparate, der Dampfmaschine und der Hilfsmaschinen mit zu besorgen hat. Das Sicherheitsventil ist zu öffnen und eventuell nachzuschleifen, ebenso die Speiseventile. Das Manometerröhrchen ist abzunehmen und zu reinigen. Die Packungen sind, wo nötig, zu erneuern usw.

Der Heizer hat auch dafür zu sorgen, daß kein Unfall beim Reinigen des Kessels passieren kann. Namentlich soll der Kessel sicher abgeschlossen werden von in Betrieb befindlichen Kesseln, welche mit dem zu reinigenden Kessel eine gemeinschaftliche Speise- und Dampfrohrleitung, Zugleitung, Fuchs usw. haben; er soll für möglichst gute Ventilation im Innern des Kessels und der Züge sorgen und darauf achten, daß die Treppen und Leitern, welche auf den Kessel führen, sowie die notwendigen Hilfsinstrumente sich in gutem Zustande befinden. Zur Reinigung der äußeren Kesselfläche sind Drahtbürsten, für diesen besonderen Zweck hergestellt, am besten zu verwenden. Die Reinigung des Kamins soll durch den Kaminfeger besorgt werden.

Schließlich ist von dem guten Heizer zu verlangen, daß er den Hilfsarbeitern bei der Reinigung auch insofern mit gutem Beispiel vorangeht, als er nüchtern und mäßig bleibt, was selbstverständlich auch während des regelmäßigen Betriebes von ihm verlangt wird.

Über das Platzen (Explodieren) der Dampfkessel.

§ 29. Die in jedem Jahre vorkommenden Dampfkesselexplosionen bilden eine überaus beklagenswerte Erscheinung im Dampfbetriebe, um so mehr beklagenswert, weil dieselben mit ihren meistens traurigen Folgen vermieden werden können. Der sicherste Schutz gegen eine Kesselexplosion ist ein verständiger, aufmerksamer und wissenhafter Heizer und Kesselwärter.

Jeder Kessel ist als explodiert zu betrachten, dessen Wandungen eine plötzliche Trennung in größerem Umfang erlitten haben, so daß durch Ausströmen von Wasser und Dampf ein ebenso plötzlicher Ausgleich der Spannungen eintreten mußte.

Der Kessel ist während seines Betriebes **gespannt**. Durch Ueberspannung, also durch Anwendung eines höheren als des erlaubten Dampfdruckes, kann bereits eine Explosion eintreten. Die Ueberspannung kann aber auch dadurch herbeigeführt werden, daß dem Material, aus welchem der Kessel besteht, die Festigkeit teilweise genommen wird, welche es unter gewöhnlichen Umständen besitzt. Dies geschieht durch Ueberhitzung, also durch Glühendmachen der Kesselwände bzw. von Kesselteilen. Das Erglühen tritt ein, wenn die von den heißen Feuergasen berührten Wände die aufgenommene Wärme nicht rasch genug abgeben können, also wenn Wassermangel im Kessel vorhanden ist, oder wenn eine Lage Kesselstein oder Kesselschlamm die rasche Wärmeabgabe an das Wasser verhindert. Unter diesen Verhältnissen kann eine Kesselexplosion bereits bei dem gewöhnlichen, d. h. erlaubten Druck stattfinden. Diese Zustände sind dann besonders gefährlich, wenn sie vom Heizer unbeachtet bleiben, also wenn derselbe beispielsweise bei vorhandenem Wassermangel die Speisepumpe wie gewöhnlich in Tätigkeit setzt.

Die Ueberanspannung des Kessels kann auch durch mangelhafte, zu schwache Konstruktion des Kessels, durch fehlerhaftes, schlechtes Material beim Kesselbau herbeigeführt werden. Es ist deshalb bei Anschaffung neuer Kessel nicht auf den Preis derselben zu sehen, sondern vielmehr auf gute Arbeit, fehlerfreies Material, richtige Konstruktion.

Kommt ein mit ursprünglichen Fehlern behafteter Kessel in Betrieb, so dehnt und reckt er sich überall, und zwar am meisten da, wo schädliche Spannungen hineingearbeitet sind, und schließlich wird er irgendwo undicht und reißt an einer Stelle, wo man es am wenigsten erwartet hat. Nach einer stattgefundenen Explosion ist es häufig sehr schwer, den Grund derselben aufzufinden, wenn er in den vorhin geschriebenen Verhältnissen lag.

Schädliche Spannungen im Kessel können ferner herbeigeführt werden durch fehlerhafte Aufstellung und Unterstützung des Kessels. Die unrichtige Unterstützung kann sich auch erst nachträglich entwickelt haben.

Auch durch Stöße, welchen ein Kessel ausgesetzt wird, können schädliche Spannungen im Material desselben entstehen. Wenn Sicherheits-, Absperr- und Abblaseventile zu plötzlich und schnell geöffnet werden, entstehen im Kessel stoßweise Rückwirkungen, durch welche Ueberspannungen im Kesselmaterial hervorgebracht werden können. Sind nun solche Stellen vielleicht zufällig durch Anrostungen geschwächt, so kann dadurch leicht ein plötzlicher Riß im Material und dadurch eine Explosion entstehen. Zuletzt sind auch die sogenannten Materialspannungen als solche zu erwähnen, durch welche eine Ueberspannung an gewissen Stellen im Kesselmaterial entstehen kann. Diese Spannungen entstehen bei der Herstellung der Platten, namentlich dann, wenn das Material stahlartig ist, oder wenn es kalt gewalzt oder zu schnell abgekühlt wird. Auf diese Weise ist es erreicht worden, daß Kessel bereits bei der Druckprobe geplatzt sind, oder bald nach der Inbetriebsetzung, wofür Fälle aus der Praxis angeführt werden könnten.

Die Gründe zu Ueberspannungen im Kessel können also sein:

1. Fehlerhafte Konstruktion und Herstellung der Kessel bzw. des Materials.
2. Ueberhitzung des Kessels, wodurch dem Material seine Widerstandskraft genommen wird, wie z. B. bei Wassermangel usw.
3. Andere Ursachen, welche eine Schwächung der Widerstandskraft der Kesselwandungen herbeiführen, wie z. B. Anrostungen usw.
4. Stöße, welchen ein Kessel ausgesetzt ist und die mannigfacher Art sein können.

Die unter 1. genannten Ursachen zur Kesselexplosion stehen mit dem Betriebe in keinem Zusammenhang. Die anderen aber lassen sich vermeiden, wenn der Heizer seiner Beschäftigung mit Umsicht und Gewissenhaftigkeit obliegt.

Das Material der Dampfkessel.

§ 30. Dampfkessel werden ausschließlich aus Eisen hergestellt. Nach der Art der Herstellung und der chemischen Zusammensetzung unterscheidet man verschiedene Eisensorten. Nicht jede Sorte ist als Material zum Dampfkesselbau verwendbar. Es ist deshalb wichtig, die Eigenschaften genau zu kennen, welche von einem Eisen verlangt werden müssen, damit es zum Kesselbau geeignet ist.

Das in der Praxis zur Verwendung gelangende Eisen ist niemals reines Metall, sondern stets eine Verbindung desselben mit Kohlenstoff. Mit steigendem Gehalte an Kohlenstoff ändern sich die Eigenschaften eines Eisens ganz bedeutend. Die Geschmeidigkeit, Schmiedbarkeit und Schweißbarkeit nimmt ab, dagegen erhöht sich die Härte und Schmelzbarkeit, ferner wird das Metall mit steigendem Kohlenstoffgehalt mehr und mehr spröde. Beträgt der Kohlenstoffgehalt mehr als 0,5 %, so erlangt das Eisen die weitere Eigenschaft, daß es bei rascher Abkühlung aus dem rotglühenden Zustande sehr hart, aber auch sehr spröde wird. Man nennt solches Eisen härtbar.

Nach dem Gehalte an Kohlenstoff unterschied man früher drei Eisensorten, nämlich Schmiedeeisen, Stahl und Gußeisen. Schmiedeeisen nannte man Eisen mit einem Kohlenstoffgehalt bis zu höchstens 0,5 %, Stahl solches von 0,5—2 %; Eisen mit noch größerem Kohlengehalt hieß Gußeisen, weil es nur in flüssiger Form verarbeitet werden konnte.

Diese Unterscheidung und Einteilung ist auch heute noch gültig. In neuerer Zeit sind aber andere Methoden der Herstellung des schmiedbaren Eisens in Aufnahme gekommen, nud diese liefern Erzeugnisse mit verschiedenen äußeren Eigenschaften. Alles schmiedbare Eisen wird aus Roheisen hergestellt, d. h. aus dem Eisen in dem Zustande, in welchem es aus dem Hochofen kommt. Dieses Roheisen ist sehr stark kohlenstoffhaltig, folglich nur als Gußeisen verwendbar. Um es in schmiedbares Eisen zu verwandeln muß man ihm Kohlenstoff entziehen. Das geschah früher ausschließlich durch den sogenannten Puddelprozeß. Bei diesem wurde das flüssige Roheisen mit der Luft in Berührung gebracht und ständig umgerührt. Das Metall verbrannte dabei oberflächlich. Indem man nun das verbrannte Eisen unter die flüssige Masse rührte, wurde ihm durch den Kohlenstoff des Eisens der Sauerstoff wieder abgenommen, d. h. der Kohlenstoff verbrannte und die Verbrennungserzeugnisse gingen, weil sie gasförmig waren, aus der Masse heraus. Auf diese Art wurde das Eisen mehr und mehr entkohlt. In dem flüssigen Metall bildeten sich teigartige Massen von kohlenstoffarmen Eisen. Diese wurden durch Zusammenrühren auseinandergeschweißt, herausgeholt und sofort unter dem Dampfhammer bearbeitet.

Auch heute wird schmiedbares Eisen, wenn auch in weit geringerer Menge als früher, durch Puddeln gewonnen. Es führt jetzt, um es von anderen Eisensorten zu unterscheiden, allgemein den Namen „Schweißeisen".

Von ihm zu unterscheiden ist das „Flußeisen".

Dasselbe wird aus dem Roheisen entweder durch den Bessemerprozeß oder durch das Martinverfahren gewonnen. Bei dem ersteren wird durch eine größere Menge von flüssigem Roheisen von unten ein vielfach verzweigter Luftstrom mit Hilfe gewaltiger Gebläse durchgetrieben. Dadurch wird sehr schnell Eisen verbrannt und das verbrannte Metall durch den vorhandenen Kohlenstoff wieder reduziert. Was man somit beim Puddeln in längerer Zeit durch mühsame Handarbeit bewirkt, erreicht man hier in wenigen Minuten, und zwar mit unverhältnismäßig größeren Massen. Bei dem Martinverfahren wird das Roheisen in Flammöfen geschmolzen und dadurch entkohlt, daß man weißglühend gemachtes kohlenstoffarmes Eisen in dasselbe bringt, auch wohl verbranntes Eisen in Form von gepulvertem Roteisenstein zusetzt. Zu dem als Ersatz benutzten kohlenstoffarmen Eisen benutzt man Abfälle jeder Art von schmiedbarem Eisen, Schienen, Eisenschrot u. dgl. Die Umwandlung des Roheisen in schmiedbares Eisen dauert bei diesem Verfahren mehrere Stunden, dafür aber ist das Erzeugnis viel gleichmäßiger als beim Bessemerprozeß, auch hat man es mehr in der Hand, eine Eisensorte von bestimmter Qualität zu erzielen.

Im Dampfkesselbau wurde früher ausschließlich das durch Puddeln gewonnene und jetzt Schweißeisen genannte Material benutzt. Die Verwendung von Stahl wurde aus dem Grunde mehrfach versucht, weil Stahl eine größere Festigkeit besitzt als Schweißeisen, man folglich bei gleicher Blechstärke einen weit höheren Dampfdruck zulassen konnte. Namentlich bei Schiffskesseln fiel dieser Punkt schwer ins Gewicht. Es hat sich jedoch gezeigt, daß der Stahl für den Kesselbau ungeeignet ist, weil in einem stählernen Dampfkessel unvorherzusehende und unvermeidliche Materialspannungen auftreten können, die zur Zerreißung der Bleche führen. In Deutschland ist deshalb der Stahl als Material für den Kesselbau fast vollständig aufgegeben. Die Ersetzung des Schweißeisens durch das Flußeisen ist aus dem Grunde wünschenswert, weil das Flußeisen billiger ist. Das Bessemereisen ist jedoch bis heute für den Kesselbau nicht verwendbar, wohl aber das Martinflußeisen. Von letzterem darf man sogar sagen, daß es das Material der Zukunft für den Kesselbau geworden ist, und jetzt allgemein ist.

Um festzustellen, ob ein Eisen die zum Kesselbau erforderlichen Eigenschaften besitzt, ist es ratsam, die Bleche schon auf den Walzwerken einer dahingehenden Prüfung zu unterziehen. Der Verband der Dampfkessel-Ueberwachungsvereine hat besondere Grundsätze aufgestellt, nach denen diese Prüfung vorzunehmen ist. Dieselben sind wesentlich folgende:

1. Zur Erkennung der Brauchbarkeit der aus Schweißeisen hergestellten Bleche zum Kesselbau sind vorzunehmen:
   a) Zerreiß- und Dehnungsproben,
   b) Biegeproben,
   c) Schmiede- und Lochproben.

2. Zur Erkennung der Brauchbarkeit der aus Flußeisen hergestellten Bleche sind außer den vorstehend unter a, b und c genannten Proben noch
   d) Härteproben

anzustellen. Diese sollen feststellen, daß das Material nicht wie Stahl härtbar ist. Zu diesem Zweck sind Probestreifen, welche in der Regel längs und quer zur Walzrichtung genommen werden, auf schwache Kirschrotglühhitze zu erwärmen und in Wasser von 25° C abzukühlen, darauf um einen Dorn von bestimmter Dicke — in der Regel gleich der Blechstärke — zu biegen. Es darf hierbei kein Bruch an der Biegungsstelle entstehen. Von besonderer Wichtigkeit sind ferner die Zerreiß- und Dehnungsproben. Zu denselben werden Probestücke auf besonderen Maschinen einem Zuge ausgesetzt, welcher langsam bis zum Zerreißen des Stückes gesteigert wird. Die Belastung, welche das Zerreißen herbeiführt, bildet das Maß für die Festigkeit des Materials. Man berechnet dieselbe für 1 qmm Querschnitt. Bei der zur Probe des Zerreißens erfolgenden Belastung tritt eine Dehnung des Probestückes ein, welche durchschnittlich 20—30 % der Länge des Stückes beträgt. Je größer die Dehnung ist, um so zäher ist das Material und um so geeigneter für den Kesselbau. Die Dehnung allein bildet jedoch keinen entscheidenden Beweis für die Zuverlässigkeit des Materials für den Kesselbau.

Sehr wichtig ist die Kenntnis der Elastizitätsgrenze des Eisens, d. h. derjenigen Grenze, bei welcher die durch Belastung hervorgebrachte Dehnung aufhört, zurückzugehen, wenn die Belastung aufhört. Die Bestimmung dieser Grenze ist jedoch sehr schwierig und bei dem heutigen Standpunkte der Untersuchungsmethoden unsicher.

Die übrigen vorgeschriebenen Proben haben für die Behandlung des zum Kesselbau zugelassenen Eisens ergeben, daß das Schweißeisen ohne Schaden gelocht werden kann, daß aber Flußeisen und insbesondere Stahl nicht gelocht werden darf, sondern gebohrt werden muß. Die Bleche müssen vor der Verwendung zum Kesselbau sämtlich vollkommen ausgeglüht werden. Bei allen Bearbeitungen des Materials, welche in angewärmtem Zustande erfolgen müssen, ist die sogenannte Blauwärme zu vermeiden. Flußeisenbleche dürfen nur bei matter Schweißhitze geschweißt werden. Zusatz von Schweißpulvern ist dabei vorteilhaft.

Risse im vollen Blech.

Risse im vollen Blech sind beobachtet worden an Kesseln im Betriebe, bei Druckproben sowie bei inneren und äußeren Untersuchungen. Es scheint fast, daß sie noch immer nicht ganz vermieden werden können. Soweit jedoch die Ursachen solcher Risse bekannt sind, und der eigenartige jeweilige Betrieb die Schuld an der Entstehung derselben trägt, kann dahin gewirkt werden, daß durch richtige Behandlung der Dampfkessel im Betriebe derartige Mängel möglichst eingeschränkt werden. Das kann geschehen:

1. durch Vermeidung plötzlicher Abkühlung und Wassermangel;
2. durch regelmäßige und gründliche Reinigung der Kessel;

3. dadurch, daß die Dampfkessel und ihre Feuerzüge, zwecks Herrichtung zu ihrer Reinigung, nicht in zu kurzer Zeit abgelassen resp. geöffnet werden, und jede Berührung der entleerten Kesselwandungen mit glühendem Mauerwerk oder zu heißer Asche vermieden wird;
4. durch richtige Behandlung der Feuer während des Heizens. Es muß z. B. vermieden werden, die Feuertüren unnötig lange beim Schüren zu öffnen. Beim Reinigen der Feuer muß der Rauchschieber geschlossen werden;
5. durch Herstellung solcher Einmauerung, die nicht nach kurzer Betriebszeit infolge ungenügender Verankerung reißt, und durch sichere und genügende Auflagerung der Kessel;
6. durch Vermeidung überangestrengten Betriebes;
7. durch aufmerksame Wartung des Dampfkessels während des Stillstandes, namentlich in der kalten Winterszeit, da es schon oft vorgekommen ist, daß beim Auftauen des eingefrorenen Kesselwassers Risse entstanden sind.

Kurz gesagt, es läßt sich durch aufmerksame Beobachtung aller bekannten Konstruktions- und Betriebsregeln die Entstehung vieler solcher Risse im vollen Blech vermeiden. Dagegen solche, deren Ursachen in der Art der Herstellung der Kesselbleche, in ihrer chemischen Zusammensetzung, ihrer Behandlung während des Walzens und der Bearbeitung liegen, scheinen überall noch nicht genügend erkannt zu sein.

Es müßte möglich gemacht werden können, daß die Bleche und Röhren vor ihrem Einbau in den Kessel ausgeglüht werden. Dies geschieht in der Regel schon auf dem Walzwerk nach der ersten Bearbeitung mit der Schere, und muß anerkannt werden, daß alle guten Kesselschmieden heute schon sehr darauf bedacht sind (wie z. B. aus dem Titelblatt zu ersehen ist), daß keine Bleche mehr gelocht, sondern gebohrt werden. Das Ausglühen der geschweißten Stutzen und anderer Kesselteile ist heute die Regel.

Brüche und Risse in den Ueberlappungs-Nietungen, die früher noch oft beobachtet wurden, kommen seltener vor, weil bei der Herstellung von Dampfkesseln für höheren Druck, von 10 bis 15 Atmosphären, keine Ueberlappungs-Nietungen der Längsnähte, sondern sogenannte Laschen-Nietungen Verwendung finden, wie es für Schiffskessel schon lange geschieht.

Sehr lehrreich sind die Ergebnisse der Versuche von v. Bach und Martens, wonach die Festigkeitseigenschaften der Baustoffe zum Kesselbau bei höheren Temperaturen besonders beachtet werden müssen, weil die Zähigkeit des Materials bei höheren Temperaturen als maßgebend angesehen werden muß. Es hat sich dabei herausgestellt, daß bei höheren Temperaturen (bei 200—300° C) ein großer Prozentsatz von der ursprünglichen Dehnung, welche das Blech im kalten Zustande hat, verloren geht. Zur gleichen Schlußfolgerung kommen beide genannten Forscher auch bei Versuchen mit Stahlguß und Flußeisenstäben.

v. Bach sagt: „Es wäre zu wünschen, daß zu Dampfkesseln, Dampfgefäßen usw. nur solche Bleche zur Verwendung gelangen, die bei höherer Temperatur nicht mehr an ihrer Zähigkeit verlieren, als es der Stand der Eisenhüttentechnik bedingt."

Eichhoff machte auf der Versammlung des internationalen Verbandes der Dampfkessel-Ueberwachungs-Vereine in Barmen darauf aufmerksam, daß die Fließgrenze, also auch die Elastizität des Materials, bei weichem schweißbarem Flußeisen, soweit es Feuerbleche betrifft, bei einer Temperatur von 200° C weniger leidet, als bei hartem Material, und daß ebenso die Dehnung des weichen Flußeisens bei 200° C weniger verliert als bei harten Blechen.

Es kann hierbei hervorgehoben werden, daß bisher in unseren Kesselschmieden vorzugsweise weiches Flußeisen-Material, sogenanntes Siemens-Martin-Flußeisen, verwandt wird. Dies besitzt eine Festigkeit von 36 bis 42 kg auf den Quadratmillimeter Querschnitt, bei einer Dehnung von 25 bis 32 Prozent, während das härtere Flußeisen zwar eine höhere Festigkeit, aber in der Regel eine geringere Dehnung hat. Namentlich sollte energisch darauf hingewiesen werden, daß die elastischen Eigenschaften des deutschen Materials noch mehr ausgebildet werden, damit selbst bei höheren Temperaturen, die beim Dampfkesselbetrieb unausbleiblich sind, kein Verlust an Elastizität eintritt. Das wäre namentlich auch zu wünschen bei Herstellung der heute fast ausnahmslos verwandten gepreßten Dampfkessel-Böden und Krempen.

Die neuesten Bedingungen des Vereins deutscher Eisenhüttenleute.

Profileisen:

Festigkeit 37—44 Kilg. p. □ mm; Dehnung 20 % min. für Längsrichtung
„ 36—45 „ „ „ „ 17 % „ „ Querrichtung

Bleche, in

Dicke von 5—7,9 mm;	Dicke von 8—28 mm;	Dicke über 28 mm
Konstruktionsbleche:		
Festigkeit 37—43 Kilg.;	Fest. 35—42 Kilg.;	Fest. 34—31 Kilg. p. □ mm
Dehnung 18 % min.;	Dehn. 20 % min.;	Dehn. 22 % min.
Gütezahl 57 min.;	Gütezahl 58 min.;	Gütezahl 59 min.
Schiffsbleche:		
Festigkeit 36—44 Kilg.;	Fest. 35—43 Kilg.:	Fest. 34—42 Kilg. p. □ mm
Dehnung 18 % min.;	Dehn. 20 % min.:	Dehn. 22 % min.
Gütezahl 57 min.;	Gütezahl 58 min.;	Gütezahl 59 min.

Bedingungen der Marine.
Profileisen.

Schiffsbaustahl:

		unter 8 mm	von 8-12 mm Dicke	üb. 12 mm. Dicke
I.	Fest. 34—41 Kilg.;	Dehn. 21 % min.;	Dehn. 23 % min.;	Dehn. 25 % min.
II.	„ 41—49 „	„ 20 % „	„ 20 % „	„ 20 % „
III.	„ 55 Kilg. min.	„ 16 % „	„ 16 % „	„ 16 % „
Bleche:				
I.	Fest. 34—41 Kilg.:	„ 21 % „	„ 23 % „	„ 25 % „
II	„ 41—49 „	„ 18 % „	„ 20 % „	„ 22 % „

Torpedostahl:

II. Festigkeit: 41 Kilg.; Dehnung 21 % min.
III. „ 55 „ „ 16 % „ für Bleche unter 5 mm Stärke
18 % „ für Bleche über 5 mm Stärke

Rohre:

Nahtlose Rohre für hart. Material: Fest. 55 Kilg. min.; Dehng. 15 % min.
Schiffsbauzwecke, weich. „ „ 34 „ „ „ 18 % „

Erich'sche Tiefungen.

Tiefungsnormen für gute, handelsübliche Qualitäten von Eisen- und Metall-Blechen, geltend für 0,4 mm Stärke, weich geglüht

Eisenbleche:	Tiefung
Siemens-Martin-Bandeisen, blank	9½ mm
S.-M.-Tiefblech I a	8,2 „
S.-M.-Stanzblech, 2 mal dekapiert	8,0 „
S.-M.-Stanzblech, 1 mal dekapiert	7,8 „
Falzbleche, gewöhnliche	7,5 „
Weißblech — Holzkohlen	7,5 „
Weißblech II a	6,5 „
Messing — Kupfer — plattiert	8,5 „

Metallbleche:	Tiefung:
Messingdruckblech	12,2 mm
Reinnickel	11,5 „
Neusilber, Druck	11,5 „
Neusilber I a	11,0 „
Kupferblech	10,5 „
Aluminium	8,7 „
Zinkblech	6,5 „
Silber 875	7[illegible] „

Anhang.

Abschrift!

Der Minister
für Handel und Gewerbe.
J.=Nr. III a 6941 1.

Berlin W. 66, den 8. September 1903.
Leipziger Straße 2.

In die Genehmigungsurkunden für Dampfkessel wird gewöhnlich die Bedingung aufgenommen, daß dem Kesselwärter Dienstvorschriften zu übergeben sind, die, sofern es sich um bewegliche Kessel handelt, vom Wärter mitzuführen, bei anderen Kesseln am Orte des Betriebes auszuhängen sind. Nur in wenigen Bezirken ist durch Polizeiverordnung vorgeschrieben, daß das Bedienungspersonal durch Dienstvorschriften in anerkannter Form über die ihm nach § 1 des Gesetzes vom 3. Mai 1872, den Betrieb der Dampfkessel betreffend, obliegenden Verpflichtungen aufgeklärt wird, während die benutzten Aushänge in den meisten anderen Bezirken nicht unerhebliche Abweichungen voneinander aufweisen, die, weil sie durch keine besonderen Rücksichten geboten sind, auf die Kesselwärter verwirrend einwirken müssen. Um diese Ungleichheiten zu beseitigen, habe ich den Zentralverband der Preußischen Dampfkessel = Ueberwachungs = Vereine veranlaßt, durch eine Sachverständigenkommission unter meiner Mitwirkung Dienstvorschriften für Kesselwärter auszuarbeiten. Ich ersuche Sie, die Gewerbeaufsichtsbeamten auf den Inhalt der nachstehend abgedruckten Vorschriften hinzuweisen und dafür zu sorgen, daß sich diese

Fassung allmählich, nach Verbrauch anders gefaßter Aushänge, Eingang verschafft.

Etwaige Polizeiverordnungen sind alsbald entsprechend zu ändern, wobei ich es Ihnen überlasse, für die Benutzung der früheren Aushänge eine angemessene Frist zu gewähren.

Im Auftrage:
gez. Hoffmann.

An die Herren Regierungspräsidenten
und den Herren Polizeipräsidenten in Berlin.

Dienstvorschriften für Kesselwärter

Nach den Beschlüssen vom 5. Juni 1903. Genehmigt durch ministerielle Verfügung vom 23. Juni 1903.

Allgemeines.

1. Die Kesselanlage ist stets rein, gut erleuchtet und von allen nicht dahin gehörigen Gegenständen freizuhalten.

2. Der Kesselwärter darf Unbefugten den Aufenthalt in der Kesselanlage nicht gestatten.

3. Der Kesselwärter ist für die Wartung des Kessels verantwortlich; er darf den Kessel während des Betriebes nicht ohne Aufsicht lassen.

Inbetriebsetzung des Kessels.

4. Vor dem Füllen des Kessels ist festzustellen, ob er im Innern gereinigt ist und alle Fremdkörper aus ihm entfernt sind. Alle zu ihm gehörigen Vorrichtungen müssen gangbar und deren Zuführungen zum Kessel frei sein.

5. Das Anheizen soll langsam und erst erfolgen, nachdem der Kessel mindestens bis zur Höhe des festgesetzten niedrigsten Wasserstandes gefüllt ist.

6. Während des Anheizens ist das Dampfventil geschlossen und der Dampfraum mit der äußeren Luft in offener Verbindung zu erhalten. Auch das Nachziehen der Dichtungen hat während dieser Zeit zu erfolgen.

7. Die Wasserstandsvorrichtungen sind vor und während des Anheizens zu prüfen, das Manometer ist stetig zu beobachten.

Betrieb des Kessels.

8. Hähne und Ventile sind langsam zu öffnen und zu schließen.

9. Der Wasserstand soll möglichst gleichmäßig gehalten werden und darf nicht unter die Marke des festgesetzten niedrigsten Standes sinken.

10. Die Wasserstandsvorrichtungen sind unter Benutzung aller Hähne oder Ventile täglich recht oft zu prüfen. Unregelmäßigkeiten, insbesondere Verstopfungen, sind sofort zu beseitigen.

1. Die Speisevorrichtungen sind täglich sämtlich zu benutzen und stets in brauchbarem Zustande zu erhalten.

12. Das Manometer ist zeitweise vorsichtig auf seine Gangbarkeit zu prüfen.

13. Der Dampfdruck soll die festgesetzte höchste Spannung nicht überschreiten.

14. Die Sicherheitsventile sind täglich durch vorsichtiges Anheben zu lüften. Jede Aenderung der Belastung der Sicherheitsventile ist untersagt.

15. Beim jedesmaligen Oeffnen der Feuertüren ist der Zug zu vermindern.

16. Vor oder während Stillstandspausen ist der Kessel aufzuspeisen und der Zug zu vermindern.

17. Beim Schichtwechsel darf der abtretende Kesselwärter sich erst dann entfernen, wenn der antretende Wärter alles in ordnungsmäßigem Zustande übernommen hat.

18. Sinkt das Wasser unter die Marke des niedrigsten Standes, so ist die Einwirkung des Feuers aufzuheben und dem Vorgesetzten unverzüglich Anzeige zu erstatten.

19. Steigt der Dampfdruck zu hoch, so ist der Kessel zu speisen und der Zug zu vermindern. Genügt dies nicht, so ist die Einwirkung des Feuers aufzuheben.

20. Bei Beendigung des Kesselbetriebes hat der Kesselwärter den Dampf tunlichst wegzuarbeiten, das Feuer allmählich zu mäßigen und eingehen zu lassen bzw. vom Kessel abzusperren, den Rauchschieber zu schließen und den Kessel aufzuspeisen.

21. Bei außergewöhnlichen Erscheinungen, Undichtigkeiten, Beulen, Erglühen von Kesselteilen usw., ist die Einwirkung des Feuers sofort aufzuheben und dem Vorgesetzten unverzüglich Meldung zu erstatten.

22. Das Decken (Bänken) des Feuers nach Beendigung der Arbeitszeit ist nur gestattet, wenn der Kessel unter Aufsicht bleibt. Außerdem darf der Rauchschieber nicht ganz geschlossen und der Rost nicht ganz bedeckt werden.

Außerbetriebsetzung des Kessels.

23. Das vollständige Entleeren des Kessels darf erst vorgenommen werden, nachdem das Feuer entfernt und das Mauerwerk genügend abgekühlt ist. Muß die Entleerung unter Dampfdruck erfolgen, so darf dies nur mit höchstens 1 Atmosphäre Druck geschehen.

24. Das Einlassen von kaltem Wasser in den eben entleerten heißen Kessel ist streng untersagt.

25. Bei Frostwetter sind außer Betrieb zu setzende Kessel und deren Rohrleitungen gegen Einfrieren zu schützen.

Reinigung des Kessels.

26. Kesselstein und Schlamm sind aus dem Kessel oft und gründlich zu entfernen. Das Abklopfen des Kesselsteins darf nicht mit zu scharfen Werkzeugen ausgeführt werden.

27. Die Züge und die Kesselwandungen sind oft und gründlich von Flugasche und Ruß zu reinigen.

28. Der zu befahrende Kessel muß von den mit ihm verbundenen und im Betriebe befindlichen Kesseln in allen Rohrverbindungen durch genügend starke Blindflanschen oder durch Abnehmen von Zwischenstücken sichtbar

abgetrennt werden. Die Feuerungseinrichtungen sind sicher abzusperren.

29. Der Kesselwärter hat sich von der stattgehabten gründlichen Reinigung des Kessels und der Züge persönlich zu überzeugen. Dabei sind die Kesselwandungen genau zu besichtigen und ist der Zustand des Kesselmauerwerks zu untersuchen. Unregelmäßigkeiten sind sofort zur Anzeige zu bringen und zu beseitigen.

Anweisung zur Herrichtung der Dampfkessel zur Abnahme.

(§ 24 Abs. 3 der Gewerbeordnung.)

Nach den Beschlüssen vom 5. Juni 1903. Genehmigt durch ministerielle Verfügung vom 23. Juni 1903.

1. Das Kesselmauerwerk ist mit Oeffnungen zu versehen, so daß das Nachmessen der Höhenlage der Zugkanäle erfolgen kann. Hierzu sind Wasserwage und Richtscheit bereitzuhalten.

2. Die Anlage muß sich in vollständig betriebsfertigem Zustande befinden.

3. Zum Zweck der Prüfung des Sicherheitsventils muß der Kessel völlig mit Wasser gefüllt und mit einer Druckpumpe verbunden sein.

4. Zur Bestimmung der Sicherheitsventilbelastung ist eine gute Gewichtswage bereitzuhalten.

5. Die Genehmigungsurkunde mit Anlagen sowie Bescheinigungen über die stattgefundene Konstruktionsprüfung und Wasserdruckprobe müssen bei der Abnahme vorliegen und dem Kesselprüfer ausgehändigt werden.

Anweisung zur Herrichtung der Dampfkessel für die innere Untersuchung.

Nach den Beschlüssen vom 5. Juni 1903. Genehmigt durch ministerielle Verfügung vom 23. Juni 1903.

1. Der Kesselbetrieb ist so frühzeitig einzustellen, daß der Kessel und die Züge genügend abgekühlt sind, um gründlich gereinigt und untersucht werden zu können.

Das Füllen des eben entleerten heißen Kessels mit kaltem Wasser ist den Wandungen nachteilig und zu untersagen.

2. Dampf-, Speise- und Ablaßleitungen, die mit anderen in Betrieb befindlichen Kesseln in Verbindung stehen, sind durch genügend starke Blindflanschen oder durch Abnehmen von Zwischenstücken sichtbar abzutrennen.

3. Alle Mannlöcher, Schlamm- und Auswaschluken sind zu öffnen; nicht befahrbare, ausziehbare Kessel sind auszuziehen. Der Kessel ist im Innern an allen Stellen gründlich von Schlamm und Kesselstein zu reinigen und auszutrocknen.

4. Alle Reinigungslöcher für die Feuerzüge müssen geöffnet werden. Ruß und Flugasche ist aus den Feuerzügen einschließlich des Aschenfalls und etwa vorhandener Flugaschenfänger gründlich zu entfernen. Die von den Feuergasen bestrichenen Kesselwandungen sind durch Stahlbürsten oder andere geeignete Werkzeuge vom Ruß zu reinigen.

5. Wenn die Feuerzüge nicht befahrbar sind oder schadhafte Stellen am Kessel vermutet werden, ist das Mauerwerk bzw. die Ummantelung soweit zu entfernen, als es der Kesselprüfer für erforderlich erachtet.

6. Die Roststäbe sind herauszunehmen. Bei Kesseln mit Innenfeuerung ist das Feuergeschränk und die Feuerbrücke ebenfalls herauszuziehen, bei Lokomobilen der Aschkasten abzuschrauben.

7. Die Armaturteile sind auseinander zu nehmen und instand zu setzen. Ihre Zusammensetzung darf nicht vor der Besichtigung durch den Kesselprüfer erfolgen.

8. Für die Untersuchung sind ein Handhammer, ein Flach- und Kreuzmeißel, sowie zwei starke Kerzen bereit zu halten. Für Gelegenheit zum Umkleiden und Waschen ist in angemessener Weise zu sorgen. Der Umkleideraum ist bei kalter Witterung leicht zu erwärmen.

9. Die Genehmigungsurkunde und das Revisionsbuch sind am Orte der Untersuchung bereitzuhalten.

10. Von dieser Anweisung ist dem Kesselwärter

Kenntnis zu geben; derselbe muß bei der Untersuchung anwesend sein.

Anweisung zur Herrichtung der Dampfkessel zur Wasserdruckprobe.

Nach edn Beschlüssen vom 5. Juni 1903. Genehmigt durch ministerielle Verfügung vom 23. Juni 1903.

1. Der Kesselbetrieb ist so frühzeitig einzustellen, daß die nachstehenden Vorbereitungen oednungsmäßig erfolgen können.

Der Druckprobe muß in der Regel eine Reinigung des Kesselinnern vorhergehen.

2. Der mit Wasserdruck zu prüfende Kessel ist von den im Betrieb befindlichen abzusperren. In gemeinsamen Dampfleitungen hat dies durch Blindflansch oder durch Abnehmen von Zwischenstücken zu geschehen.

3. Alle Hähne, Ventile und Verschlüsse sind vor dem Füllen des Kessels instand zu setzen und gut zu dichten. Alle nicht mehr zuverlässigen Verpackungen sind zu erneuern.

Hohlschwimmer sind aus dem Kessel zu entfernen.

4. Sicherheitsventile sind so einzuschleifen, daß sie auch bei erhöhtem Druck dicht bleiben; erforderlichenfalls sind sie nachzudrehen; sie dürfen vom Kessel nicht abgesperrt sein.

5. Dem Kesselbesitzer wird in der Regel vorher angegeben, welche Teile des Mauerwerks oder der Ummantelung zu beseitigen sind; egschieht dies nicht, so sind diese Teile soweit zu entfernen, als es von dem Kesselprüfer an Ort und Stelle für erforderlich erachtet wird.

Alle Reinigungslöcher für die Feuerzüge müssen geöffnet werden; Ruß und Flugasche ist aus den Feuerzügen einschließlich des Aschenfalles und etwa vorhandener Flugaschenfänger gründlich zu entfernen. Die von den Feuergasen bestrichenen Kesselwandungen sind durch Stahlbürsten oder andere geeignete Werkzeuge vom Ruß zu reinigen.

6. Die Roststäbe sind herauszunehmen. Bei Kesseln mit Innenfeuerung ist das Feuergeschränk und die Feuer-

brücke ebenfalls herauszuziehen, bei Lokomobilen der Aschkasten abzuschrauben.

7. Der Kessel ist vor Ankunft des Kesselprüfers völlig mit Wasser zu füllen, auch muß die zur Druckerzeugung bestimmte Pumpe in gebrauchsfähigem Zustande mit dem Kessel verbunden sein.

Der Kessel ist bis zur Höhe des Betriebsdruckes vorzudrücken, dabei sich ergebende Undichtheiten sind zu beseitigen.

8. Für die Druckprobe müssen Arbeiter zur Bedienung der Pumpe zur Stelle sein, auch sind ein Handhammer, ein Flach- und ein Kreuzmeißel sowie zwei starke Kerzen bereit zu halten. Für Gelegenheit zum Umkleiden und Waschen ist in angemessener Weise zu sorgen; der Umkleideraum ist bei kalter Witterung leicht zu erwärmen.

9. Die Genehmigungsurkunde und das Revisionsbuch sind am Orte der Untersuchung bereit zu halten.

10. Von dieser Anweisung ist dem Kesselwärter Kenntnis zu geben; derselbe muß bei der Untersuchung anwesend sein.

Anweisung zur Herrichtung nicht eingemauerter und nicht befahrbarer Dampfkessel zur Wasserdruckprobe und inneren Untersuchung.

Nach den Beschlüssen vom 5. Juni 1903. Genehmigt durch ministerielle Verfügung vom 23. Juni 1903.

1. Der Kesselbetrieb ist so frühzeitig einzustellen, daß die nachstehenden Vorbereitungen ordnungsmäßig erfolgen können.

Der Druckprobe muß eine Reinigung des Kesselinnern vorangehen.

2. Alle Hähne, Ventile und Verschlüsse sind vor dem Füllen des Kessels instand zu setzen und gut zu dichten. Alle nicht mehr zuverlässigen Verpackungen sind zu erneuern.

3. Sicherheitsventile sind so einzuschleifen, daß sie bei erhöhtem Druck dicht bleiben; erforderlichenfalls sind

sie nachzudrehen; sie dürfen nicht vom Kessel abgesperrt sein.

4. Die Ummantelung ist soweit zu entfernen, als es von dem Kesselprüfer an Ort und Stelle für erforderlich erachtet wird.

Die von den Feuergasen bestrichenen Kesselwandungen sind durch Stahlbürsten oder andere geeignete Werkzeuge von Ruß zu reinigen.

5. Die Roststände sind herauszunehmen; der Aschkasten ist abzuschrauben.

6. Der Kessel muß vor Ankunft des Kesselprüfers völlig mit Wasser gefüllt und die zur Druckerzeugung bestimmte Pumpe in gebrauchsfähigem Zustande mit dem Kessel verbunden sein.

Der Kessel ist bis zur Höhe des Betriebdrucks vorzudrücken. Dabei sich ergebende Undichtheiten sind zu beseitigen.

7. Für die Druckprobe müssen Arbeiter zur Bedienung der Pumpe zur Stelle sein, auch sind ein Handhammer und ein Meißel, sowie zwei starke Kerzen bereit zu halten.

8. Zwecks Besichtigung des Kesselinnern nach erfolgter Druckprobe ist der Kessel so aufzustellen, oder mit solchen Einrichtungen zu versehen, daß das Wasser rasch abfließen kann.

9. Die Genehmigungsurkunde und das Revisionsbuch sind am Orte der Untersuchung bereit zu halten.

10. Von dieser Anweisung ist dem Kesselwärter Kenntnis zu geben; derselbe muß bei der Untersuchung anwesend sein.

MIX
Papier | Fördert gute Waldnutzung
FSC® C083411

Zeitfracht Medien GmbH
Ferdinand-Jühlke-Straße 7
99095 Erfurt, Deutschland
produktsicherheit@kolibri360.de